茶 艺 表 演

主　编　殷安全　彭　景
副主编　谭　明　田　方　刘　容
参　编　何婷婷　林　敏　谭晓玲
　　　　杨　粒　鲜吉琴

重庆大学出版社

内容提要

　　本书详细介绍了茶艺表演基础知识、茶艺表演人员的举止礼仪、茶艺表演环境的设置以及茶艺表演技艺。在编写过程中，力求做到理论联系实际，并将中职学生的学习习惯融入教材中，切实贯彻"做中学""学中做"的教学理念，从而体现出本书的实用性。

　　本书可作为中等职业学校的教材和技能培训指导教材，也可供从事茶室服务、茶艺表演的人员使用。

图书在版编目（CIP）数据

茶艺表演／殷安全，彭景主编.—重庆：重庆大学出版社，
2014.5（2019.2 重印）
国家中等职业教育改革发展示范学校教材
ISBN 978-7-5624-8227-7

Ⅰ.①茶…　Ⅱ.①殷…②彭…　Ⅲ.①茶艺—文化—中
国—中等专业学校—教材　Ⅳ.①TS971

中国版本图书馆 CIP 数据核字（2014）第 100003 号

茶艺表演

主　编　殷安全　彭　景
策划编辑：周　立

责任编辑：杨　敬　　　版式设计：周　立
责任校对：邹　忌　　　责任印制：张　策
*
重庆大学出版社出版发行
出版人：易树平
社址：重庆市沙坪坝区大学城西路 21 号
邮编：401331
电话：(023) 88617190　88617185（中小学）
传真：(023) 88617186　88617166
网址：http://www.cqup.com.cn
邮箱：fxk@ cqup.com.cn（营销中心）
全国新华书店经销
重庆升光电力印务有限公司印刷
*
开本：787mm×1092mm　1/16　印张：7.5　字数：187 千
2014 年 6 月第 1 版　　2019 年 2 月第 3 次印刷
印数：2 701—3 500
ISBN 978-7-5624-8227-7　定价：26.50 元

国家中等职业教育改革发展示范学校
建设系列教材编委会

主　任　殷安全

副主任　谭　明　　田　方　　车光荣
　　　　洪　玲　　庞　健　　甯顺勤

成　员　程泽友　　彭广坤　　张　伟　　唐华丽　　龚兴学
　　　　代劲松　　夏保全　　况成伟　　何远兴　　王兴华
　　　　李　泉　　赵晓雪　　刘　容　　胡志恒　　罗　丽
　　　　刘　红　　文　明　　王贵兰　　杨德琴　　周兴龙
　　　　邹家林　　陶俊全　　庞澄刚　　李　琼　　朱晓峰

序 言

　　加快发展现代职业教育,事关国家全局和民族未来。近年采,涪陵区乘着党和国家大力发展职业教育的春风,认真贯彻重庆市委、市政府《关于大力发展职业技术教育的决定》,按照"面向市场、量质并举、多元发展"的工作思路,推动职业教育随着经济增长方式转变而"动",跟着产业结构调整升级而"走",适应社会和市场需求而"变",学生职业道德、知识技能不断增强,职教服务能力不断提升,着力构建适应发展、彰显特色、辐射周边的职业教育,实现由弱到强、由好到优的嬗变,迈出了建设重庆市职业教育区域中心的坚实步伐。

　　作为涪陵中职教育排头兵的涪陵区职业教育中心,在中共涪陵区委、区政府的高度重视和各级教育行政主管部门的大力支持下,以昂扬奋进的姿态,主动作为,砥砺奋进,全面推进国家中职教育改革发展示范学校建设,在人才培养模式改革、师资队伍建设、校企合作、工学结合机制建设、管理制度创新、信息化建设等方面大胆探索实践,着力促进知识传授与生产实践的紧密衔接,取得了显著成效,毕业生就业率保持在97%以上,参加重庆市、国家中职技能大赛屡创佳绩,成为全区中等职业学校改革创新、提高质量和办出特色的示范,成为区域产业建设、改善民生的重要力量。

　　为了构建体现专业特色的课程体系,打造精品课程和教材,涪陵区职业教育中心对创建国家中职教育改革发展示范学校的实践成果进行总结梳理,并在重庆大学出版社等单位的支持帮助下,将成果汇编成册,结集出版。此举既是学校创建成果的总结和展示,又是对该校教研教改成效和校园文化的提炼与传承。这些成果云水相关、相映生辉,在客观记录涪陵职教中心干部职工献身职教奋斗历程的同时,也必将成为涪陵区职业教育内涵发展的一个亮点。因此,无论是对该校还是对涪陵职业教育,都具有十分重要的意义。

　　党的十八大提出"加快发展现代职业教育",赋予了职业教育改革发展新的目标和内涵。最近,国务院召开常务会,部署了加快发展现代职业教育的任务措施。今后,我们必须坚持以面向市场、面向就业、面向社会为目标,整合资源、优化结构,高端引领、多元办学,内涵发展、提升质量,努力构建开放灵活、发展协调、特色鲜明的现代职业教育,更好适应地方经济社会发展对技能人才和高素质劳动者的迫切需要。

　　衷心希望涪陵区职业教育中心抓住国家中职示范学校建设契机，以提升质量为重点，以促进就业为导向，以服务发展为宗旨，努力创建库区领先、重庆一流、全国知名的中等职业学校。

　　是为序。

项显文

2014 年 2 月

前 言

自从 20 世纪 70 年代，台湾茶人提出"茶艺"概念后，茶文化事业随之兴起，各具地域特色的茶艺馆和大大小小的茶文化盛会则为茶艺表演的出现提供了平台。经过十多年的实践，茶艺表演作为茶文化精神之载体，已经发展成为非同一般表演的艺术形式，渐渐受到人们的关注。全国中等职业学校技能大赛茶艺表演项目的兴起，也说明了茶艺表演在我国职业教育中起着举足轻重的地位。为此，编者参考了大量有关方面的最新资料，编成此书。

本书详细介绍了茶艺表演基础知识、茶艺表演人员的举止礼仪、茶艺表演环境的设置以及茶艺表演技艺。在编写过程中，力求做到理论联系实际，并将中职学生的学习习惯融入到教材中，力求作到"做中学""学中做"的教学理念，从而体现出本教材的实用性。

本书参考学时为八十学时，共有四个学习项目。项目一介绍了茶艺表演基础知识；项目二介绍了习茶的基本手法、习茶的基本礼仪；项目三介绍了茶席设计、表演服装的选配、表演音乐的选配；项目四介绍了茶具展示、茶的基本知识、茶艺表演的程序。

本书由重庆市涪陵区职业教育中心殷安全、彭景任主编，重庆市涪陵区职业教育中心谭明、田方、刘容任副主编，项目一、项目二中的学习情境一、项目三中的学习情境三、项目四由涪陵区职业教育中心彭景编写，项目二中的学习情境二由涪陵区职业教育中心何婷婷编写，项目三中的学习情境一由重庆市黔江区民族职业教育中心林敏编写，项目三中的学习情境二由重庆市武隆县职业教育中心谭晓玲编写。本书图片拍摄及剪辑由重庆市涪陵区职业教育中心彭景、杨粒和蕴·茶工作室创办人鲜吉琴完成。

本书可作为中等职业学校高星级饭店运营与管理的教材，也可供从事茶艺服务的人员使用。

由于编者水平有限，书中难免有不当和错误之处，恳请使用本书的教师和广大读者批评指正。

编　者

2014 年 2 月

目 录

茶艺表演基础知识

项目描述

　　茶源于生活,茶艺便是生活中的艺术。所以,茶艺可以作为一种表演的形式呈现在舞台上,它不仅仅给我们带来视觉上的享受,还让茶文化得以传承和发扬。作为茶艺师,要想让自己能在舞台上将茶艺表演做到完美,首先要了解茶艺表演的基础知识。

学习情境

茶艺表演基础知识

学习目标

　　了解茶艺表演的形成过程;掌握茶艺表演的概念。

知识学习

一、茶艺表演的概念

　　茶艺表演是在茶艺的基础上产生的,它是通过各种茶叶冲泡技艺的形象演示,科学地、生活化地、艺术地展示茶的泡饮过程,使人们在精心营造的优雅环境氛围中,得到美的享受和情操的熏陶。

二、茶艺表演的历史

（一）唐代

　　茶艺表演的发展可以追溯到唐代。唐代陆羽著有《茶经》一书,他将泡茶的程序进行总结,并形成了自己的一个标准,为茶艺表演提供了条件。

　　据唐代封演《封氏闻见记》卷六记载:"楚人陆鸿渐为《茶论》,说茶之功效并煎茶炙茶之法……御史大夫李季卿宣慰江南,至临怀县馆,或言伯熊善茶者,李公请为之。伯熊著黄衫、戴乌纱帽,手执茶器,口通茶名,区分指点,左右刮目。"从这里可以看出,唐代的常伯熊已经在客人面前表演茶艺了,这便是最初的茶艺表演。

（二）宋代

至宋代，点茶技艺盛行，点茶法注重操作的技艺和茶的汤色。茶百戏在宋代受到宋徽宗和朝廷大臣、文人的推崇，从而盛行于世。宋初陶谷在《清异录》记载："茶至唐而始盛。近世有下汤运匕，别施妙诀，使汤纹水脉成物像者，禽兽、虫鱼、花草之属，纤巧如画，但须臾即就散灭，此茶之变也。时人谓之茶百戏。"（见图1.1）

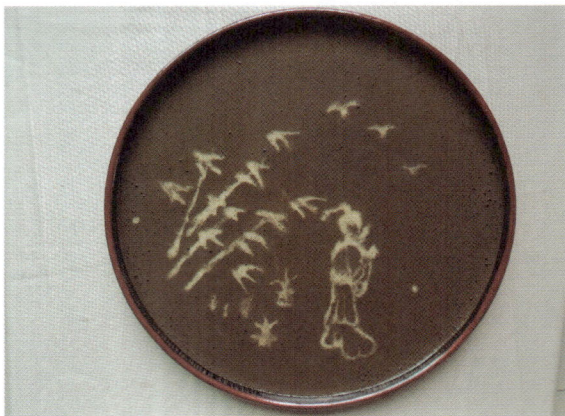

（a）茶白戏

（b）茶碗与茶筅

图1.1　点茶茶具

由此可见，宋代的茶艺已经和书法、绘画等艺术形式结合起来，极具观赏性和表演性。

（三）明清

明清时期的制茶工艺和冲泡程序都有所改革，形成了6大基本茶类，啜饮法取代了烹茶法和点茶法。潮汕功夫茶茶艺就是在当时逐渐形成的。

三、茶艺表演的分类

茶艺表演根据其表演的内容和时间的不同，可分为3大类：历史型茶艺表演、民俗型茶艺表演与宗教型茶艺表演。

（一）历史型茶艺表演

此类茶艺表演取材于历史资料，经过艺术的提炼与加工，大致反映历史原貌，如"汉代茶艺表演"（见图1.2）、"唐代宫廷茶艺表演""明清茶艺表演"。

（二）民俗型茶艺表演

此类茶艺表演取材于特定的民风、民俗、饮茶习惯，以反映民俗文化等方面为主，经过艺术

图1.2　汉代茶艺表演

的提炼与加工,以茶为主体,如"白族三道茶茶艺表演""新娘茶茶艺表演(见图1.3)"等。

(a)新娘茶茶艺表演1　　　　　　　　(b)新娘茶茶艺表演2

图1.3　新娘茶艺表演

(三)宗教型茶艺表演

此类茶艺表演取材于宗教文化,以宗教文化为载体,使宗教文化与茶艺相融合,如"禅茶茶艺表演""道家茶艺表演"等。

实训活动

活动名称:搜集茶艺表演视频。

活动目的:让学生初识茶艺表演,提高对茶艺表演的兴趣。

活动过程:分组课后在网络上搜寻各类茶艺表演,选出最喜欢的表演,于下节课上课前展示给全班同学观看。

知识拓展

茶艺表演中的"精""清""净""美"

精(精品、精通、熟练):包括茶须名茶、特色茶,茶叶干燥、质量上乘。水须好水,茶具质量上乘,与茶相配。精,上乘也,沏泡出一杯上等茶汤,令人拍案叫绝。精包括精通、熟练茶艺表演,精通选茶、置具、选水、贮茶、熟练沏泡程序。

清(纯洁、纯和、无邪、清醒、去杂念):清包括人、水、环境之清爽,茶可使人清醒头脑,在茶艺表演的环境中,很难"清",但应追求"清"。不但茶艺表演者要"清",而且通过茶艺表演要让观众感觉到"清"。清醒的头脑,有助于人的思考,感受相聚一起享受品茗的不容易。"日本茶道"中的洗手、擦尘,"台湾乌龙茶"茶艺中的点香,"禅茶"中的燃香;各种素色朴实的茶器,饮茶的活动。均在不知不觉中,拂去人们心灵上的尘埃,使人心清自然明。

净(洁净、净化):包括人、衣着、环境、茶、茶器、水等的洁净。人的洁净,如手的洁净、头发的梳理、衣服的清洁整齐。具体的如手指不应戴戒指,口红、脂粉尽量不要让观众感觉到,不涂有色指甲油等。桌椅、板凳无尘埃,场所无杂物、脏物。茶具应洗涤干净;水应干净,符合饮用要求,茶叶应干净,无杂物。此外,是人在思想上、心灵上的净化,无杂念、邪念。

美(美好):美应符合茶道的美,符合观赏美学的要求,符合中国传统文化的审美情趣。如服装合身,衣着得体、大方;环境优美、清爽,茶艺表演中的礼仪是否美,茶艺表演中的位置、顺序、动作是否美,茶器具是否配套,环境布置选择是否美等。

项目总结

当人们将喝茶提升到品饮的层次,为了满足精神上的需求时,泡茶就成为了一门艺术,茶艺表演便应运而生。茶艺表演中,其艺术性、观赏性强,因此同学们在学习茶艺表演时,不仅仅要掌握泡茶的技术,更要提升自己对美丽事物的感知,这样才能设计出一台好的茶艺表演。

项目二

茶艺表演人员的举止礼仪

项目描述

　　茶艺表演中,表演者用肢体语言向宾客表达着茶的灵魂,他(她)的一举一动都受到观赏者的注视。所以,表演者要时刻注意自己的举止,让宾客能感觉到自己的敬意。此项目包含了两个方面的内容:习茶的基本手法、习茶的基本礼仪。

学习情境一

习茶的基本手法

学习目标

　　能掌握持壶的基本手法;能掌握使用盖碗的基本手法;能掌握取茶的基本手法;能掌握握杯的基本手法;能掌握茶巾的折叠法。

知识学习

一、持壶的基本手法

（一）持侧耳壶的基本手法

1. 女士

　　右手大拇指与中指拿住壶把,无名指与小指呈兰花形并拢抵住中指,食指前伸呈弓形压住壶盖钮或壶盖;左手呈兰花形微微托住壶底（见图 2.1）。

2. 男士

　　右手大拇指与中指拿住壶把,

图 2.1　女士持壶手法

无名指与小指并拢抵住中指,食指前伸呈弓形压住壶盖钮或壶盖;左手大拇指向内扣,四指并拢,微微托住壶底(见图2.2)。

图2.2　男士持壶手法

(二)持提梁壶的基本手法

1. 女士

右手大拇指和中指拿住提梁后方,食指在上压住提梁以便出水,无名指与小指呈兰花形并拢抵住中指(见图2.3)。

图2.3　女士持提梁壶手法

2. 男士

右手虎口拿住提梁前方,大拇指在上压住提梁以便出水,四指并拢(见图2.4)。

图 2.4　男士持提梁壶手法

二、使用盖碗的基本手法

(一)端盖碗手法

1. 女士

双手将盖碗连杯托端起,双手大拇指、食指和中指三指拿住杯托,无名指与小指呈兰花形(见图 2.5)。

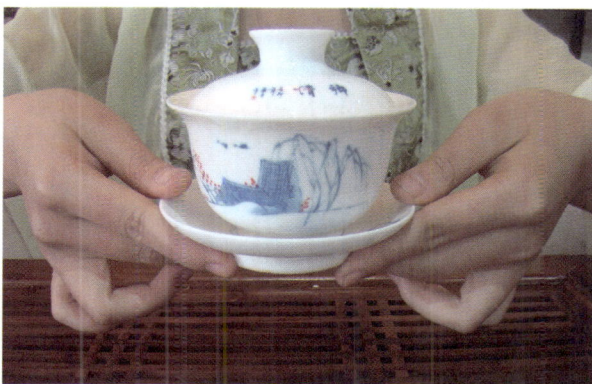

图 2.5　女士端盖碗手法

2. 男士

双手将盖碗连杯托端起,双手大拇指、食指和中指三指拿住杯托,无名指与小指并拢(见图 2.6)。

图2.6　男士端盖碗手法

（二）盖碗出茶汤手法

1. 女士

右手虎口分开，大拇指与中指拿住碗口两侧，食指屈伸按住盖钮下凹处，无名指与小指呈兰花形并拢抵住中指；左手呈兰花形微微托住杯底（见图2.7）。

图2.7　女士盖碗出汤手法

2. 男士

右手虎口分开，大拇指与中指拿住碗口两侧，食指屈伸按住盖钮下凹处，无名指与小指并拢抵住中指（见图2.8）。

图2.8　男士盖碗出汤手法

三、取茶的基本手法

（一）打开茶叶罐的基本手法

双手大拇指和中指握住茶叶罐的罐身，食指抵住茶叶罐罐盖向上用力。盖子松动后，左手拿住茶叶罐，右手虎口向下，轻转出茶叶罐罐盖，顺势放到桌上。

（二）取茶的基本手法

左手拿起茶叶罐微微倾倒（以不倒出为宜），右手拿起茶则伸入茶叶罐；同时，左手手腕前后转动，让茶叶转动到茶则里。此种取茶方法可避免干茶折断。

四、握杯的基本手法

右手虎口分开，大拇指与食指握杯两侧，中指抵住杯底，无名指及小指则自然弯曲。此种手法称为"三龙护鼎"（见图2.9、图2.10）。

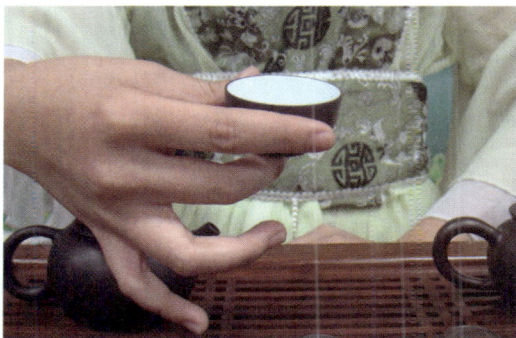

图2.9　女士握杯手法

图2.10　男士握杯手法

五、茶巾折叠法

（一）长方形

用于杯、盖碗泡法,此法折叠茶巾呈长方形,又被称为八层式,具体折叠过程:将正方形的茶巾上下对折至中心线处,接着将左右两端竖折至中心线,最后将茶巾竖着对折即可。放茶巾时折口朝内。

（二）正方形

用于壶泡法,此法折叠茶巾呈正方形,又被称为九层式。具体折叠过程:将正方形的茶巾下端向上平折至茶巾 2/3 处,接着将茶巾对折,然后将茶巾右端向左竖折至 2/3 处,最后对折即成正方形。放茶巾时折口朝内。

实训活动

实训活动一

活动名称:习茶基本手法的练习。

活动目的:掌握习茶的基本手法。

活动过程:分组进行练习并进行成果展示,组内点评和各组互评。

活动评价:请将你的各项测评填入下面的表格中。

活动时间:　　　　　　　　　　　　　　　　　　展示人员:

测评内容	测评标准	完成情况 （优\良\中\差）
持壶手法	持壶稳,手法漂亮	
盖碗使用手法	不发出盖碗碰撞的声响,双手手臂舒展,整体形象大方	
取茶手法	不损坏干茶,不发出茶具碰撞的声响,动作连贯,姿势优美	
握杯手法	使用"三龙护鼎"的手法,手指不碰触杯口	
茶巾折叠法	卫生操作,折叠美观,标签没外露,放置时折口向内	

实训活动二

活动名称:讨论男、女习茶手法的不同之处。

活动目的:能区分男、女习茶手法的不同之处。

活动过程:教师随机抽取男、女学生各一名进行习茶手法的展示,学生分组讨论男、女习茶手法的不同之处。

活动评价:请将你的讨论结果填入下面的表格中。

活动时间:　　　　　　　　　　　　　　　　　活动小组:

女士习茶手法展示人员:　　　　　　　　　　　男士习茶手法展示人员:

习茶手法	不同之处	备 注
持壶手法		

习茶手法	不同之处	备 注
盖碗使用手法		
取茶手法		
握杯手法		

学习情境二

习茶的基本礼仪

学习目标

能进行仪表的自我检查;能掌握正确的站、坐、走姿;能进行规范的鞠躬礼、奉茶礼以及寓意礼。

知识学习

一、茶艺表演人员的仪表

（一）面部

女性茶艺表演人员的面部修饰以恬静素雅为主,着淡妆;男忄生表演人员不能留胡须或是大鬓角。口腔不能有异味,不要用味道强烈的香水。茶艺表演时,面部表情要平和放松,面带微笑。

微笑是茶艺表演人员传播信息的重要符号。茶艺表演人员的微笑是有礼貌的,温馨自然的,是富有亲和力的,是一个人真实情感的流露。微笑时要做到目光柔和发亮,双眼略微睁大,眉头自然舒展,眉毛微微向上扬起。在和客人交流时,要注视对方,但注视时间不能太长,以 3～5 s 为宜;同时,注视客人的三角区域,表示尊敬(见图 2.11)。

图 2.11　微笑

（二）发型

茶艺表演人员首先要做到头发整洁、无异味，不能染发、烫发。男性表演人员的头发要做到"三不"，即前不及眉，侧不遮耳，后不及领；女性表演人员的发型应具有传统、自然的特点，要与茶艺内容、自身脸型、气质相配，切忌让头发垂于前胸影响操作（见图2.12）。

 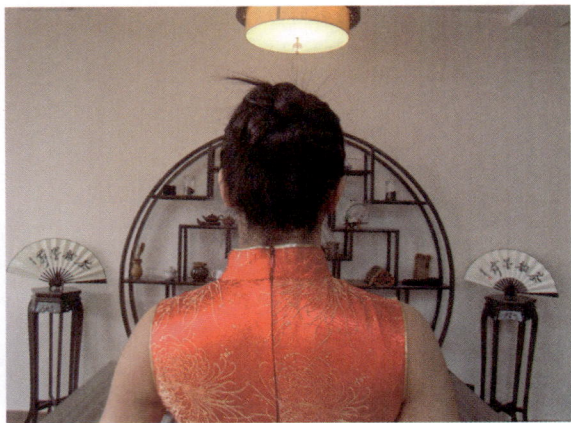

（a）发型1　　　　　　　　　　　　　　　（b）发型2

图2.12　女性发型

（三）手部

作为茶艺表演人员，拥有一双纤细、柔嫩的手是非常有必要的，并应随时保持清洁、干净。指甲需经常修剪，不留长指甲，不涂有色指甲油，不能佩戴饰品（见图2.13）。

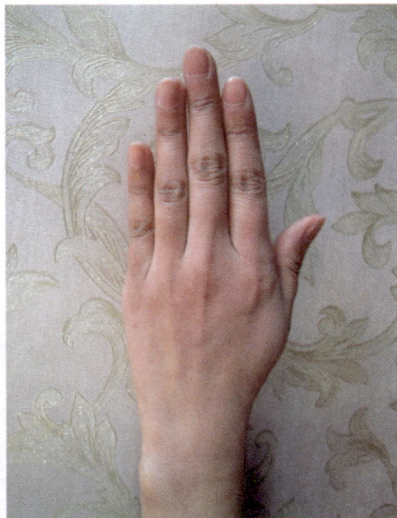

图2.13　手部

二、茶艺表演人员的仪态

（一）站姿

站立时应精神饱满，身体有向上之感，能体现茶艺表演人员的整体美感，给茶客带来美的感受。女性表演人员站立时，双脚呈"V"字形，两脚尖开度为50°左右，膝和脚后跟要靠紧（见图2.14）；男性表演人员双脚叉开的宽度窄于双肩，双手可交叉放于背后。

图2.14　站姿

（二）坐姿

茶艺表演人员的坐姿如果不正确，会显得很失礼，因此，良好的坐姿尤为重要。泡茶时，头正肩平，双腿并拢，脚尖朝正前方，双手不操作时可平放于操作台上，给人以大方、自然、端庄、亲切的感觉（见图2.15）。

（a）坐姿1

（b）坐姿2

图2.15　坐姿

（三）走姿

茶艺表演人员在入场时的走姿应落落大方、文雅、端庄，给人以沉着、稳重、冷静的感觉。正确的走姿应当身体直立、收腹直腰、两眼平视前方，双臂放松在身体两侧自然摆动（见图2.16）。

图 2.16　走姿

三、茶艺表演人员的基本礼仪动作

（一）鞠躬礼

1. 鞠 躬 礼 的 分 类

鞠躬礼分为站式、坐式和跪式3种。

站式鞠躬与坐式鞠躬在现代茶艺中比较常用，而跪式则在古代茶礼中有所涉及（见图2.17、图2.18）。

图 2.17　站式鞠躬礼

图 2.18　坐式鞠躬礼

2. 行鞠躬礼的要领

头、颈、背成一条直线,双手自然握于腹前或放于身体两侧;保持正确的站立姿势,两腿并拢,双目注视对方的胸部,随着身体向下弯曲,双手逐渐向下,朝膝盖方向下垂。鞠躬时,弯腰速度适中,之后抬头直腰,动作可慢慢做,这样令人感觉很舒服。"真礼"要求上半身与地面呈90°,"草礼"弯腰程度较低。

(二)奉茶礼

斟茶时只斟七分即可,暗示"七分茶三分情"之意。一来俗云"茶满欺客",二则也便于握杯啜饮。

1. 奉茶的方法

上茶应在主客未正式交谈前。正确的步骤:双手端茶从客人的左后侧奉上。要将茶盘放在临近客人的茶几上,然后右手拿着茶杯的中部,左手托着杯底,杯耳应朝向客人,双手将茶递给客人的同时要说"您请用茶"。

2. 奉茶的顺序

上茶应讲究先后顺序,一般应为:先客后主,先女后男,先长后幼。

3. 奉茶的禁忌

尽量不要用一只手上茶,尤其不能用左手。切勿让手指碰到杯口。为客人倒的第一杯茶通常不宜斟得过满,以杯深的2/3为宜。继而把握好续水的时机,以不妨碍宾客交谈为佳,不能等到茶叶见底后再续水。

4. 举杯齐眉

茶艺表演中,表演者给宾客奉茶时,可用"举杯齐眉"的方法,以示对宾客的尊重(见图2.19)。表演者用双手把龙凤杯奉到齐眉高,恭恭敬敬地向右侧客人行注目礼,并把茶敬奉予客人。

(a)举杯齐眉1　　　　　　　　　　　(b)举杯齐眉2

图2.19　举杯齐眉

（三）伸手礼

伸手礼是在茶艺表演中常用的特殊礼节。行伸手礼时，表演人员五指自然并拢，手心向上，左手或右手从胸前自然向左或向右前伸。伸手礼可用在给宾客引座、向宾客介绍茶具和向宾客敬茶时所用（见图2.20）。

图2.20　伸手礼

（四）寓意礼

茶艺活动中，自古以来，在民间逐步形成了不少带有寓意的礼节。作为茶艺表演人员，在为客人表演时应留意这些细小的礼仪动作。

1. 凤凰三点头

"凤凰三点头"是茶艺中的一种传统礼仪，是对客人表示敬意，同时也表达了对茶的敬意。此礼中，茶艺表演者提壶三起三落，表示对宾客的三鞠躬，是中国传统礼仪的体现。

它的操作要领：高提水壶，让水直泻而下，接着利用手腕的力量，上下提拉注水，反复3次，让茶叶在水中翻动。凤凰三点头的重点在于轻提手腕，手肘与手腕平，便能使手腕柔软有余地。所谓"水声三响三轻、水线三粗三细、水流三高三低、壶流三起三落"的要求都是靠柔软的手腕来完成的。同时，手腕柔软之中还需有控制力，才能达到同响同轻、同粗同细、同高同低、同起同落，从而显示手法精到。因此手法宜柔和，不宜刚烈（见图2.21）。

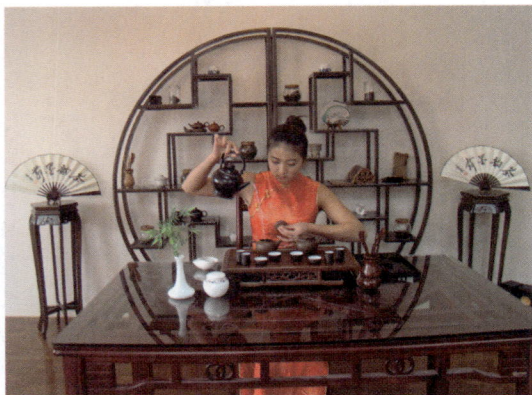

图2.21　凤凰三点头

2. 叩首礼

当茶艺师给宾客敬茶时,宾客可用叩首礼来表示对茶艺师的谢意。具体操作方法:食指和中指并拢弯曲,在桌子上轻叩两下,以"手"代"首",因其二者同音。这样"以手代叩",表示尊敬、谢意。

3. 其他寓意礼

①双手内旋:在进行回转注水、斟水、温杯、烫壶等动作时用到单手回旋,则右手必须按逆时针方向,左手必须按顺时针方向动作,类似于招呼手势,表示招手"来!来!来!"的意思,欢迎客人来观看。若按相反方向操作,则表示挥手"去!去!去!"的意思。

②斟茶量:斟茶时,水量应控制到七分满,表示对客人的尊重,俗语有云:"酒满敬人,茶满欺人。"

③茶具摆放:茶壶放置时壶嘴不能正对客人,茶荷的荷口也不能正对客人,否则表示请客人离开。

实训活动

实训活动一

活动名称:仪容仪表的自我检查。

活动目的:能进行仪容仪表的自我检查;能在生活中保持良好的仪容仪表。

活动过程:教师准备全身镜,学生在镜前对自己的仪容仪表进行检查,找出不足并改正。

活动评价:请将检查结果填到表内。

活动时间: 活动人员:

检查内容	检查情况(优\良\中\差)	备　注
面部		
发型		
手部		

实训活动二

活动名称:仪态的练习与展示。

活动目的:掌握正确的仪态;能在生活中保持良好的仪态。

活动过程:分组进行茶艺表演人员的仪态的练习,随机抽取一组进行展示,并进行组内点评和各组互评。

活动评价:填写考核评价表,请将你的各项测评填入下面的表格中。

活动时间：　　　　　　　　　　　　　　　　展示人员：

测评内容	测评标准	完成情况 （优\良\中\差）
站姿	精神饱满，身体有向上之感	
坐姿	头正肩平，双腿并拢，脚尖朝正前方，给人以大方、自然、端庄、亲切的感觉	
走姿	身体直立、收腹直腰、两眼平视前方，双臂放松在身体两侧自然摆动	
鞠躬礼	头、颈、背成一条直线，弯腰速度适中	
奉茶礼 （举杯齐眉）	双手舒展，眼神亲切，给人以尊敬、舒适的感觉	
凤凰三点头	三点头动作优美，水流不断，水量均匀	

知识拓展

你能读懂盖碗的语言吗？

　　盖碗是一种上有盖、下有托、中有碗的茶具，又称"三才碗""三才杯"。盖为天、底为地、碗为人，寓意茶为天涵之、地载之、人蕴之的灵物。三者合一也暗含天地人和之意。为了方便，茶客们在喝茶时将盖、碗、托三部分进行不同的摆放，形成了一种特殊的语言，服务人员便可一眼就能知道茶客的需要了。

　　（1）三者合为一体，表示请勿打扰（见图2.22）。

图2.22　请勿打扰

　　（2）碗盖斜扣在茶碗沿上或斜插在茶碗和碗托之间，表示需要续水。（见图2.23）。

图2.23　续水

（3）碗放在桌上，表示座位有人，立马回来，请留座（见图2.24）。

图2.24　请留座

（4）碗盖翻转平放在茶托之上，表示已喝好离去。（见图2.25）。

图2.25　已喝好离去

（5）碗盖翻过来，茶碗、碗托一字排开，表示顾客对本次消费不满意，此时茶艺馆老板会立马过来询问原因，并赔不是。（见图2.26）。

图 2.26　不满意

项目总结

　　茶艺表演中,表演者用自己的肢体语言来表达着自己的情感,也体现了我国重视礼仪的传统文化。表演者的一举一动、一颦一笑都应让观赏者感到舒适、亲切。礼仪习惯是在日常生活中养成的,所以同学们在生活中也应注意自己的言行举止,养成良好的礼仪习惯。

项目三
茶艺表演环境的设置

项目描述

　　茶艺表演的环境设置不仅要突出表演主题,还要能带给观赏者美的享受。一个好的表演环境能更吸引观赏者的注意力,让其对表演内容铭记于心,从而提高观赏者对茶的喜爱。所以,茶艺表演环境的设置是茶艺表演中一个至关重要的环节。此项目的学习包括茶席设计、表演服装的选配以及表演音乐的选配3个方面。

学习情境一

茶席设计

学习目标

　　了解什么是茶席设计;理解茶席设计的方法和技巧;掌握茶席设计的基本构成因素。

知识学习

一、认识茶席设计

　　茶席设计最早的概念出现在乔木森先生于2005年编著的《茶席设计》一书(见图3.1)。书中这样定义:"茶席设计,指的是以茶为灵魂,以茶具为主体,在特定的示茶空间形态中,与其他艺术形式相结合,所共同完成的一个独立主题的茶道艺术组合整体。"

二、茶席设计的基本构成因素

　　茶席设计是由不同的因素构成的。由于人的生活和文化背景及思想、性格、情感等方面的差异,在进行茶席设计时可能会选择不同的构成因素。一般情

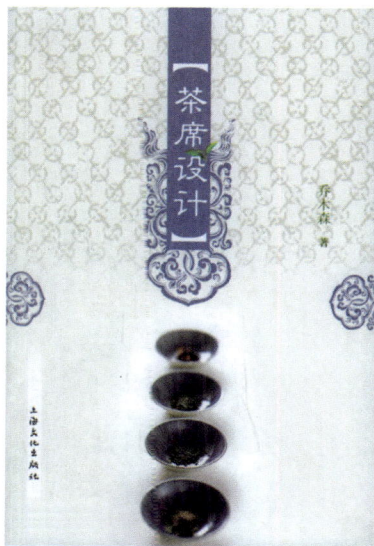

图3.1 《茶席设计》

况下,茶席设计所包含的内容包括茶品、茶具、茶席台面及铺垫、空间环境(插花、焚香、挂画、茶点、工艺品、背景)等因素。

（一）茶品

茶,是茶席设计的灵魂,也是茶席设计的思想基础。因茶,而有了茶席设计。茶,在一切茶文化以及相关的艺术表现形式中,既是源头,又是目标。

中国是世界上茶叶种类最多的国家,茶叶鲜叶根据不同的加工方式可分为绿茶、红茶、白茶、黄茶、青茶(乌龙茶)和黑茶,以及再加工茶类,如茉莉花茶、玫瑰红茶和工艺茶(造型茶)等。茶是茶席设计的灵魂,人们常常以茶为媒,于茶席之中寄托内心的情感。

（二）茶具

现代人通常所说的"茶具"主要指茶壶、茶杯、茶勺等饮茶器具。事实上,现代茶具的种类并不太多,主要包括以下4种。

1. 备水用具

此类用具包括水方(清水罐)、煮水器、水杓等。

2. 泡茶用具

此类用具包括茶壶、茶杯(茶盏、盖碗)、茶则、茶叶罐、茶匙等。

3. 品茶用具

此类用具包括茶海(公道杯、茶盅)、品茗杯、闻香杯、杯托等。

4. 辅助用具

此类用具包括茶荷、茶针、茶夹、茶漏、茶盘、茶巾、茶池(茶船)、茶滤及托架、茶碟等。

茶具除以上提到的品类外,经过不断发展,现在还有很多不同质地与不同型质的茶具大量涌现出来。除了最常见的瓷茶具、紫砂茶具、玻璃茶具外,还有诸如漆器、竹木、搪瓷、金属(见图3.2)、陶土(见图3.3)、石质、活瓷、能量茶具等。

图3.2 陕西扶风法门寺出土的唐代宫廷银质鎏金茶具

（最早、最精美的茶文物）

图 3.3 陶土茶具

（三）茶席台面及铺垫

1. 茶席台面

喝茶自然离不开茶桌、案几,茶艺表演中也当然必不可少,它是整个茶席的承载体。古时常用茶几来做茶席承载,多为木质。现在由于茶席的多样性,案几的样式和材质也是品类繁多,或高或低,或藤竹或玻璃,或仿古或现代,一切皆因需而选。除了以上常用的案几之外,凡是可以放置茶具等物的地方或平台都可作为茶席的台面来用,比如地面、箱、柜、椅、石板、木片等。

立礼式和坐礼式茶艺的茶桌高度是 68～70 cm,长度是 88 cm,宽度是 60 cm;席地式茶艺的茶桌高度是 48 cm,长度是 88 cm,宽度是 60 cm。有靠背与无靠背视情况而定,但不需要有扶手。茶椅的高度是 40～42 cm,茶垫巾的大小长度是 60 cm、宽度是 48 cm,铺放在茶桌中间。

2. 铺垫

茶席台面除了案几以外,在其之上还应配有相应的铺垫,显得更有韵味。铺垫是指茶席设计中置于泡茶台上,用于装点台面或者为了防止泡茶器具直接接触台面的物品。常用物包括各类桌铺(布、丝、绸缎、麻等);手工编织、竹草编织垫(见图3.4)、布艺垫;自然材料(荷叶、砂石、落英等);常用的有:棉质布、麻布(见图3.5)、蜡染布(见图3.6)、竹编等。铺垫的材料和色彩要与茶席主题相符,它是表达情感的手段之一。

（四）空间环境

空间环境设计是对茶叶冲泡和品茗背景及整个茶文化氛围的营造,是茶席设计中不可或缺的重要部分,它包括泡茶台上茗具的组合、放置以及插花、屏风、茶食等的搭配和摆放。空间环境设计为茶品冲泡、茶艺表演、茶文化艺术的展现创造了更大的空间,让人们在品茶赏艺时得到更高的精神享受。

空间环境设计通常包括插花、焚香、挂画(见图3.7)、茶点、工艺品、背景(见图3.8)等元素在内,其中,插花、挂画备受关注。中国自古就有"点茶、焚香、插花、挂画"四艺之说。

图 3.4 竹草编织垫

图 3.5 麻布桌铺

图 3.6 云南蜡染桌铺

图 3.7 茶室挂画焚香

图 3.8 茶室背景

茶席设计是通过人与茶、茶具以及周围环境和色彩的相互调和，给人们带来一种美感和快乐，从而使人真正享受茶的芬芳、乐趣和美妙。

三、茶席设计的程序和技巧

茶席设计程序没有什么特殊的固定模式，可根据茶席性质功能的不同、因地方和需要的不同而定。但在设计的过程中，还是有方法与技巧可循。

（一）主题概念的确定

首先，设计茶席需要有个主题。主题是茶席设计的灵魂，有了明确的主题，有助于茶席设计意义的提升，使茶席更具有文化内涵与韵味。例如，为红茶设计茶席；为中秋、新婚设计茶席（见图3.9）等。

图3.9　新婚茶席设计

其次，茶席设计要以"茶"为主。茶席设计，要展示的是设计与艺术，更重要的是展示茶本身的特性。所以，茶的主体地位必须要明确，其他的相关元素只能起烘托和画龙点睛的作用。例如，茶汤泡得是否好喝、泡茶的方法是否合理、使用的茶道具是否清洁并符合泡茶所需等。

最后，茶席设计必须是为人而设计。再美、再实用的茶席最终都要为人服务。不论是茶席为冲泡绝佳茶汤供人品饮而设计，还是茶席为满足人们的视觉美感而设计，其根本目的都是为了满足人在物质或精神的上美的享受为目的。

（二）茶具组合是茶席设计的基础，也是茶席构成因素的主体

茶席设计中的茶具组合，基本上是按茶类品种选择和配置相应的茶具和茶器的（见

图 3.10）。比如,绿茶所选器具可用盖碗、玻璃杯,不能选用紫砂壶泡;否则,茶会泡熟、泡老,无法显现绿茶漂亮的外形与嫩绿的颜色,还会影响绿茶的清香滋味;又如,红茶应用白瓷杯具或紫砂杯具冲泡;花茶用盖碗;黑茶用紫砂壶等。茶具的选择应视茶而变。

图 3.10　闽式功夫茶茶具组合

除了茶具以外,茶席的整体自然离不开其他辅助配饰的整合。此时,插花、焚香、挂画、点茶四艺就共同出现,被称"四般闲事"。茶席设计需与四艺充分搭配,才是一个完整的茶席,方能呈现出茶席的完美。

（三）选取插花

茶席中插花也可以称为一个独立的小主题,但它必然与茶席这个大主题构成从属关系。譬如,我们在冲泡武夷岩茶时,可以选择有小型花朵的一截枯枝老干,并不配以其他花材,而造型则可以选用从花器中悬挂横出的样式,花器可选择深沉稳重的陶器（见图3.11）。

图 3.11　武夷岩茶配花

除了茶性上的考虑外,我们还应该考虑插花的生命力,也就是说花材在选择时花朵应该是含苞待放,象征蒸蒸日上而不是盛放过度、生命即将陨落的。不管是在花材市场选购还是采摘山中野花、野草,都不要用假花,这会让整个茶席设计大打折扣。

(四)和谐统一的审美

和谐统一的茶席空间即整个茶席环境的设计应和谐统一。它包括泡茶台上茶具的组合放置以及插花、屏风、茶食等的搭配和摆放应和谐统一。整个环境设计与氛围的营造是茶席设计中不可或缺的一部分,环境设计为茶席展示与茶事活动创造了更大的空间,让人们在欣赏茶席艺术的同时得到更高的精神享受。

四、茶席设计欣赏

(一)《菊花》

国际茶席展中,日本茶席设计《菊花》是很好的典范。此茶席在 2010 年国际茶席展中展出,思路源于白居易的《咏菊》:"一夜新霜著瓦轻,芭蕉新折败荷倾。耐寒唯有东篱菊,金粟初开晓更清。"整个茶席以菊花为主题,色调以黄、白为主。茶席中茶、具、花、字、画、诗一一具备,完美结合,很是让人享受。白色的茶具、白色的桌布,衬以黑色桌铺,桌铺之上又有精致的黄白色菊花绣艺,背景挂有诗词书法,黄色为底,白色装裱,和谐中透出一种灵秀之气。就连插花,设计者也尽可能地选用了黄白色系,由此可见其别具匠心的用意。整个设计给人的感觉是繁简可见精微,求全恰到好处。所有用具的配置组合疏密有致不论是空间布置还是色调配合上都显示出高度的完美和谐,可谓统一之中见变化,变化之中显和谐(见图 3.12)。

图 3.12 《菊花》

(二)《心中的日月》

"心中的日月"在藏语中读作"香格里拉",意为人间仙境,是每个人心中与世隔绝的那片净土,是人神共处的世外桃源。这个茶席选用的桌铺是一件彝族贵族的女装,上面绣着彝族人心目中象征着身份地位的河山和图腾——静美的湖泊、摇曳的花海、壮丽的峡谷、无垠的草原,在红日的映照下,大地披上金色霞光,炙热的光芒令人有如得到太阳的垂护。当我们在此相聚,放下世俗的头衔,单纯地享用一盏香茗,自由地追求"心中的日月"(见图3.13)。

（a）《心中的日月》1

（b）《心中的日月》2

（c）《心中的日月》3

图3.13　《心中的日月》

（三）其他作品欣赏

①普洱茶茶席设计示范(见图3.14)。

图3.14　普洱茶茶席设计示范

②"无尽缘起——未来茶道之最高境界"跨艺术对话活动中紫砂工艺大师高振宇设计的茶席(见图3.15、图3.16)。

图3.15 高振宇设计的茶席之一

图3.16 高振宇设计的茶席之二

③首届中外茶席设计大赛作品集(见图3.17至图3.20)。

图3.17 首界中外茶席设计大赛作品之一

图3.18 首界中外茶席设计大赛作品之二

图3.19 首界中外茶席设计大赛作品之三

图3.20 首界中外茶席设计大赛作品之四

实训活动

实训活动一

活动名称：评价茶席作品《茗香佳人》(见图 3.21)。

活动目的：能从茶席设计构成的 4 个因素来评价作品；能找出作品的优点及不足。

活动过程：教师展示茶席设计作品，学生分组讨论。

活动评价：请将讨论结果填入表内。

图 3.21 《茗香佳人》

活动时间：   活动人员：

该作品所用的茶具有哪些：
该作品所用的茶席台面及铺垫有哪些：
该作品是如何设计空间环境的：
你对该作品的点评：

实训活动二

活动名称:设计主题为"母亲节"的茶席。

活动目的:能掌握基本的茶席设计过程;能小组合作设计出漂亮的茶席。

活动过程:分组讨论设计,小组成员相互合作,课外搜集装饰物,设计出漂亮的茶席,于课堂内进行作品展示。请将本组的设计理念填入表内。

活动时间: 活动小组:

本作品所用的茶品是:
本作品所用的茶具有:
本作品是如何布置茶席台面及铺垫的:
本作品是如何布置空间环境的:
本作品的设计理念:

活动评价：请选出自己最喜爱的茶席设计作品，认真完成下表。

我最喜欢的茶席设计是：
我喜欢它的原因：
它还有哪些需要改进的地方：

学习情境二

表演服装的选配

学习目标

　　了解服装搭配的基本常识，掌握选配茶艺服装的基本原则；在实际选配过程中体会与主题高度融合、统一的基本要求；感受各类演出服装风韵，感受完美的服装搭配在茶艺表演过程中带来的视觉魅力。

知识学习

一、服装色彩搭配常识

（一）服装颜色分类

1. 暖色

红、黄、橙及相近的色彩是暖色，给人以热的感觉。

2.冷色

青、蓝是冷色,给人以冷的感觉。

3.中间色

中间色有绿色、紫色等。

4.无系色

黑、白、灰色,无论与什么色彩搭配,都没有多大问题。

(二)颜色搭配技巧

1.同类色搭配

最简便、最直接的配色方法是深浅、明暗不同的两种同一类色相配,如咖啡色配米色,深红色配浅红色,青色配天蓝色等。这种配合显得柔和、文雅。

2.近似色搭配

近似色搭配是指比较接近的颜色相配,如红色与橙色或紫色相配,黄色与草绿色相配等。这种配合效果比较柔和。

3.强烈色搭配

强烈色搭配是指两个相隔较远的颜色搭配,如黄色与紫色搭配,红色与青绿色相配等。这种搭配效果比较强烈,给人以视觉冲击力。

4.补色搭配

补色搭配是指两个相对的颜色配合,如红色与绿色,黑色与白色等相配。这种配色效果鲜明。

除上述配色原则外,同时,也要注意穿衣的季节性,如在夏天的时候,一般选择冷色给人清凉之感;冬天选暖色,给人以温暖之感。

(三)肤色与服色

人的肤色基调可以分为 4 种,不同的肤色有不同的搭配方法。

1.白皙肤色

这类肤色最适合的是天蓝色、紫红色、苹果绿色、柠檬黄色等。

2.深褐色肤色

这类肤色适合搭配墨绿色、枣红色、金黄色等。

3.淡黄和偏黄肤色

这类肤色可以配酒红色、淡紫色、紫蓝色等。

4.小麦色

这类肤色可以选择桃红色、深红色、翠绿色等。

另外,服装选择还应该注意与脸型、身型等方面的搭配。

二、表演服装的样式分类

表演服装是指表演的专用服装,是表演艺术不可缺少的组成部分。表演服是塑造形象所借助的一种手段,它利用其装饰、象征意义,直接、形象地表明角色的性别、年龄、身份、地位、境遇以及气质、性格等。所以,表演服堪称"艺术语汇"。表演服按表演艺术门类,主要分为戏剧服、曲艺服、舞蹈服等。

(一)戏剧服

戏剧服在中国主要指戏装,即传统戏曲采用的衣、盔、鞋等。其次还有,话剧、歌剧和现代题材的戏曲采用的写实性的剧服;舞剧以舞蹈为主要表现手段的舞蹈服;童话剧中拟人化的自然物采用的特别设计的形象性服装等。

(二)曲艺服

中国曲艺服丰富多彩,一般采用传统民族服装,且常常在装饰上带有地方色彩。近年来,有些曲艺种类在反映新题材、表现新生活时也穿用时装。

(三)舞蹈服

舞蹈服主要有3类。一是民间舞服,一般是经过选择提炼和艺术加工的典型民族服装。二是古典舞服,一般是经过高度凝炼,形成程式规范,并且具有独特民族风情的服装。三是现代舞服,现代舞是不固定的舞蹈形式,其着装也不拘一格。

三、选配茶艺表演服装的基本原则

茶艺表演的基本条件很多,如服装、场地、音响、茶器具、茶、辅助器物、水等。每一个条件都需要认真准备,表演服装也不例外。表演服装的样式和款式是多种多样的,在选配的时候,要遵循一定的基本原则。

(一)选配服装要遵循与表演主题和类型相一致的原则

选配服装应和茶艺表演的主题和类型相一致,这样的搭配才会更加突出表演的主题,从而引人入胜。

1.历史型茶艺表演

由于历史型茶艺表演取材于历史资料,它反映着不同朝代的茶人泡茶、品茶的不同过程,所以这类茶艺表演的服装就应以不同朝代的古典服装为主。如"唐代宫廷茶礼"就应选择唐代服饰;"周瑜论茶"就应选择三国时期的服饰。

2.民俗型茶艺表演

它取材于特定的民风、民俗、饮茶习惯,以反映民俗文化等方面为主。这类表演服装应选择传统民族服装,并且还应该带有地方色彩。如"白族三道茶"应选择白族的民族服装;"擂茶茶艺表演"就应选择客家人的传统服饰。

3. 宗教型茶艺表演

它是取材于宗教的文化内容,这类表演应以选择宗教服饰为主。如"禅茶表演",则以着禅衣为宜。

在具体选择服装类型的时候,不但要考虑与表现主题是否相一致,还要注意所选择的表演服装是否得体、端庄、大方,是否符合人们的审美习惯等问题。

(二)选配服装要遵循与表演者的年龄、身份、地位相一致的原则

西方学者雅波特教授认为,在人与人的互动过程中,别人对你的感官有55%是判断你的外表是否和你的表现相称,也就是你看起来像不像你所表现出来的那个样子。因此,在选配表演服装的时候,一定要与表演者的年龄、身份、地位相一致。

(三)选配服装要遵循表演者的着装风格并客观对待流行的原则

为了能够给观众留下深刻印象,在选配表演服装的时候,还应该考虑表演者的着装风格,应该具有表演者独特的审美品位。而要做到这一点,就不能被千变万化的潮流所左右,而应该在表演者自己所欣赏的审美基调中,加入当前的时尚元素,融合成个人品位。融合了个人的气质、涵养、风格的穿着会体现出个性,而个性是最高境界的穿衣之道。

(四)选配服装要遵循整个表演场景整洁、和谐的原则

这里有两重意思:一是整个现场的和谐度,包括人、衣着、环境、茶、茶器、水等的和谐一致;二是人的装扮要整洁,如手的洁净、头发的梳理、衣服的清洁整齐等。具体包括手指不应佩戴戒指,化妆用的口红、脂粉尽量不要让观众感觉到,不能擦彩色指甲油等。

四、常用茶艺表演服装介绍

(一)旗袍

旗袍是起源于16世纪中期满族妇女的民族服装,随着清世祖入关,定都北京,旗袍开始在中原地区流行。以后,随着满汉生活的融合和统一,旗袍不仅被汉族妇女吸收,并不断进行革新。随着辛亥革命的风云,旗袍迅速在全国普及。20世纪三四十年代是中国近代女装最光辉灿烂的时期,也就是在这个时候,旗袍奠定了它在女装舞台上的重要地位,成为中国女装的典型代表。被称为 Chinese dress 的旗袍,和加入西式风格的海派旗袍,很快从上海风靡全国。上海,也就成了全国的时装中心。这个时候的上海的上流社会名流闺秀们追赶时髦,崇尚西化生活:游泳、骑马、跳舞、打高尔夫球,这也就要求服装更加美观和得体;加上20世纪30年代欧美流行收腰能更加体现出女性美,这就注定旗袍会变得修长而紧身,并有高衩,从而符合20世纪30年代女性精致玲珑、开放活泼的理想形象。后来,还出现过一种改良旗袍,就是在剪裁中加入很多西式剪裁方法,从而使旗袍更加合体、更加实用(见图3.22至图3.24)。

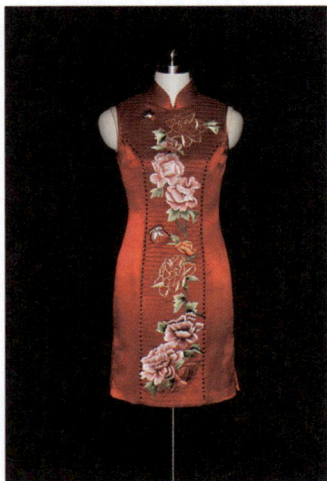

图 3.22　旗袍之一　　　　图 3.23　旗袍之二　　　　图 3.24　旗袍之三

（二）汉服

　　"汉服"一词的记载最早见于《马王堆三号墓遣册》。汉服"始于黄帝,备于尧舜",定型于周朝,并通过汉朝依据四书五经形成完备的冠服体系,成为儒家体系的一部分。汉服是汉族传承了 4 000 多年的传统民族服装,是最能体现汉族特色及信仰的服装,是华夏礼仪文化的必要组成,通过四书五经、二十四史舆服志千年不变。汉服的每一个特点都可以在四书五经、二十四史等经史子集里找到依据。每个民族都有属于自己特色的民族服装,而汉服体现了汉族的民族特色。从黄帝到明代的 4 000 多年时间里,汉族凭借自己的智慧和信仰,创造了绚丽多彩的汉服文化,发展形成了具有汉族自己特色的服装体系——汉服体系。汉服包括衣裳、首服、发式、面饰、鞋履、配饰等共同组合的整体衣冠系统,浓缩了华夏文化的纺织、蜡染、夹缬、锦绣等杰出工艺和美学,传承了 30 多项中国非物质文化遗产,体现了我国锦绣中华、衣冠上国、礼仪之邦的美誉(见图 3.25 至图 3.27)。

图 3.25　汉服之一

图 3.26　汉服之二

图 3.27　汉服之三

（三）唐装

唐装来源于国外的"唐人街",而不是唐朝的服装。从历史上看,汉服是中国明朝灭亡以前的主流服饰,传承了 4 500 多年,因为清初的"剃发易服"令,才非正常消亡,而满装的历史只有三百来年。从民族上看,马褂只能代表满族,不能代表中国的多数民族。唐装吸取了满族服装具有的款式和面料,同时采用了西式服装立体式剪裁。我们现在所称的"唐装",基本上是清末的中式着装。据 APEC 会议各国元首所穿唐装的主要设计者余莺女士说,唐装应当是中式服装的通称,这主要是因为国外都称华人居住的地方为"唐人街",那"唐人"穿的衣服自然就应该叫"唐装"了。另外,国外的一些华人也有称中式服装为"唐装"的说法,所以唐装的取名也颇有国际化的味道（见图 3.28、图 3.29）。

图 3.28　女式唐装

图 3.29　男式唐装

实训活动

活动名称:如何为《梁祝》茶艺表演选择服饰。

活动目的:能根据茶艺表演主题进行服装选配。

活动过程:

1.情境再现

重庆市中职学生职业技能大赛中,××县中职学校应邀参加。经过学校众多教师的反复商量,茶艺表演的主要创作者最后确立的主题就以乌龙茶为媒介,演绎梁山伯与祝英台在草桥相遇的情景。创作者考虑到梁祝是一场爱情悲剧,并且已经家喻户晓,因此,并没有把重点放在整个故事情节上,而是仅仅截取了梁祝二人在草桥相遇的那一刻加以演绎。经过艺术的提炼,梁祝二人在草桥相遇后,他们因相互吸引,就在草桥旁边坐下来品茶,由此,"祝英台、梁山伯,担任一场爱情的主角,成为一个经典"的主题已经明确了。现在学生技术训练好了,环境布局好了,接下来就是服装设计了。

同学们,你们觉得什么样的服装才能让这次演出更加耳目一新呢?

2.分组讨论,解答问题

(1)活动结果:＿＿＿＿＿＿＿＿＿＿＿＿＿＿＿＿＿＿＿＿＿＿＿＿＿＿＿

(2)案例分析:＿＿＿＿＿＿＿＿＿＿＿＿＿＿＿＿＿＿＿＿＿＿＿＿＿＿＿

＿＿＿＿＿＿＿＿＿＿＿＿＿＿＿＿＿＿＿＿＿＿＿＿＿＿＿＿＿＿＿＿＿＿＿

＿＿＿＿＿＿＿＿＿＿＿＿＿＿＿＿＿＿＿＿＿＿＿＿＿＿＿＿＿＿＿＿＿＿＿

(3)活动总结:＿＿＿＿＿＿＿＿＿＿＿＿＿＿＿＿＿＿＿＿＿＿＿＿＿＿＿

＿＿＿＿＿＿＿＿＿＿＿＿＿＿＿＿＿＿＿＿＿＿＿＿＿＿＿＿＿＿＿＿＿＿＿

＿＿＿＿＿＿＿＿＿＿＿＿＿＿＿＿＿＿＿＿＿＿＿＿＿＿＿＿＿＿＿＿＿＿＿

学习情境三

表演音乐的选配

学习目标

了解茶艺表演与音乐的关系,掌握茶艺表演音乐的种类;能根据茶艺表演的主题选配音乐。

知识学习

一、茶艺表演与音乐

在茶艺表演过程中重视用音乐来营造意境,这是因为音乐,特别是我国古典名曲重情味、重自娱、重生命的享受。目前,背景音乐在宾馆、餐厅、茶室里都早已普遍应用,但多是兴之所至,随意播放。而中国茶道要求在茶艺过程中播放的音乐应是为了促进人的自然精神的再发现,人文精神的再创造而精心挑选的乐曲。

二、茶艺表演音乐的种类

茶艺表演中最宜选播以下 3 类音乐。

(一)我国古典名曲

我国古典名曲幽婉深邃、韵味悠长,有一种令人回肠荡气、销魂摄魄之美。但不同乐曲所反映的意境各不相同,茶艺馆应根据季节、天气、时辰、宾客身份以及茶事活动的主题,有针对性地选择播放。例如,反映月下美景的有《春江花月夜》《月儿高》《霓裳曲》《彩云追月》《平湖秋月》等;反映山水之音的有《流水》《汇流》《潇湘水云》《幽谷清风》等;反映思念之情的有《塞上曲》《阳关三叠》《情乡行》《远方的思念》等;拟禽鸟之声态的有《海青拿天鹅》《平沙落雁》《空山鸟语》《鹧鸪飞》等。只有熟悉古典意境,才能让背景音乐成为牵着茶人回归自然、追寻自我的温柔的手,才能用音乐促进茶人的心与茶对话、与自然对话。

(二)近代作曲家为品茶而谱写的音乐

这类音乐有《闲情听茶》《香飘水云间》《桂花龙井》《清香满山月》《乌龙八仙》《听壶》《一筐茶叶一筐歌》《奉茶》《幽兰》《竹乐奏》等。听这些乐曲可使茶人的心徜徉于茶的无垠世界中,让心灵随着茶香翱翔到茶馆之外更美、更雅、更温馨的茶的洞天府第中去。

(三)精心录制的大自然之声

山泉飞瀑、小溪流水、雨打芭蕉、风吹竹林、秋虫鸣唱、百鸟啁啾、松涛海浪等都是精心录制出来的极美的音乐,我们称之为"天籁",也称之为"大自然的箫声"。

上述 3 类音乐超出了一般通俗音乐的娱乐性,它们会把自然美渗透进茶人的灵魂,会引发茶人心中潜藏的美的共鸣,为品茶创造一个如沐春风般的美好意境。

三、中国十大古典名曲欣赏

①《高山流水》——传说先秦的琴师伯牙一次在荒山野地中弹琴,樵夫钟子期竟能领会曲中高山流水之意。伯牙惊道:"善哉,子之心与吾心同。"子期死后,伯牙痛失知音,摔琴绝弦,终生不操,故有《高山流水》之曲。

②《梅花三弄》——此曲系借物咏怀,通过梅花的洁白、芬芳和耐寒等特征,来赞颂具有高尚情操的人,曲中泛奇曲调在不同的徽位上重复了 3 次,所以称为"三弄"。

③《春江花月夜》——原来是一首琵琶独奏曲,又名《夕阳箫鼓》《浔阳琵琶》《浔阳夜月》《浔阳曲》。后被改编成民族管弦乐曲,深为国内外听众喜爱。乐曲通过委婉质朴的旋律,流畅多变的节奏,形象地描绘了月夜春江的迷人景色,尽情赞颂江南水乡的风姿美态。

④《汉宫秋月》——此曲有两种较为流行的演奏形式,一为筝曲,另为二胡曲。《汉宫秋月》意在表现古代受压迫宫女的幽怨悲泣的情绪,唤起人们对她们不幸遭遇的同情。

⑤《阳春白雪》——一首广泛流传的优秀琵琶独奏古曲。它以清新流畅的旋律、活泼轻快的节奏,生动表现了冬去春来、大地复苏、万物向荣、生机勃勃的初春景象。

⑥《渔樵问答》——此曲在历代传谱中有三十多种版本,有的还附歌词。乐曲表现渔樵在青山绿水中反复问答、自得其乐的情趣。

⑦《胡笳十八拍》——汉末,著名文学家、古琴家蔡邕的女儿蔡琰(文姬),在兵乱中被匈奴所获,留居南匈奴与左贤王为妃,生了两个孩子。后来曹操派人把她接回,她写了一首长诗,叙唱她悲苦的身世和思乡别子的情怀。情绪悲凉激动,感人颇深。十八拍即十八首之意。又因该诗是她有感于胡笳的哀声而作,所以名为《胡笳十八拍》或《胡笳鸣》。

⑧《广陵散》——又名《广陵止息》。传说原是东汉末年流行于广陵地区(即今安徽寿县境内)的民间乐曲。现仅存古琴曲,以《神奇秘谱》载录最早。早期并无内容记载,现多数琴家按照聂政刺韩王的民间传说来解释。据《琴操》中所载:聂政,战国时期韩国人,其父为韩王铸剑误期而被杀。为报父仇,上泰山刻苦学琴十年之后,漆身吞炭,改变音容,返回韩国,在离宫不远处弹琴,高超的琴艺使行人止步、牛马停蹄。韩王得悉后,召进宫内演奏,聂政趁其不备,从琴腹抽出匕首刺死韩王。为免连累母亲,聂政便毁容自尽。

⑨《平沙落雁》——又名《雁落平沙》或《平沙》,作者不详。此曲问世以后,深受琴家喜爱,广为流传,并有多种版本,是传谱最多的琴曲之一。对于曲情的理解,有认为是描写秋天景物的;有认为是寓鸿鹄之志的;也有认为是发出世事险恶、不如雁性的感慨的。音调基调静美,静中有动,旋律起伏,绵延不断,优美动听。

⑩《十面埋伏》——传统琵琶曲之一,又名《淮阳平楚》。明《四照堂集·汤琵琶传》中记载琵琶家汤应曾奏《楚汉》:"……两军决斗是,声动天地,屋瓦若飞坠,徐而察之,有金声、鼓声、金、剑击声、人马群易声,俄而无声。久之,有怨而难明者为楚歌声;凄而壮者为项王悲歌慷慨之声、别姬声;陷大泽,有追骑声;至乌江,有项王自刎声,余骑蹂践项王声。使闻者始而奋,既而悲,终而涕泪之无从也,其成人如此。"所绘之情景、声色与今之《十面埋伏》甚近似。

知识拓展

中国古典乐器——古琴

古琴,又称琴、瑶琴、玉琴、五弦琴和七弦琴,是中国的拨弦乐器(见图3.30)。它有3 000年以上的历史,属于八音中的"丝"。古琴音域宽广,音色深沉,余音悠远。自古琴为其特指,于20世纪20年代起,为了与钢琴区别而改称古琴。初为5弦,汉朝起定制为7弦,且有标志音律的13个徽,也为礼器和乐律法器。

图 3.30　古琴

古琴是中国古代文化地位最崇高的乐器，有"士无故不撤琴瑟"和"左琴右书"之说。其位列四艺"琴棋书画"之首，被文人视为高雅的代表，也为文人吟唱时的伴奏乐器，自古以来一直是许多文人必备的知识和必修的科目。伯牙、钟子期以"高山流水"而成知音的故事流传至今；琴台被视为友谊的象征。大量诗词文赋中也有古琴的身影。现存琴曲 3 360 多首，琴谱 130 多部，琴歌 300 首。主要流传范围是汉文化圈国家和地区，如中国、朝鲜、日本和东南亚，而欧洲、美洲也有古琴人组织的古琴社。

古琴是汉民族最早的弹弦乐器，是汉文化中的瑰宝。湖北曾侯乙墓出土的实物距今有 2 400 余年，唐宋以来历代都有古琴精品传世。还有大量关于琴家、琴论、琴制、琴艺的文献，遗存之丰硕堪为中国乐器之最。历代涌现出许多著名演奏家，他们是历史文化名人，被代代传颂至今。近代，古琴又伴随着华人的足迹遍布世界各地，成为西方人心目中东方文化的象征。

项目实施

分组设计一个茶艺表演的主题，并为此表演设计茶席、选配服装、搭配音乐，再进行成果展示、组内点评和各组互评。请将本组的设计填入下面的表格中。

活动时间：　　　　　　　　　　　　　活动小组：

本作品的表演主题是：
本作品是如何选择服饰的：
本作品是如何选择音乐的：

续表

本作品是如何设计茶席的：
本作品的设计理念是：

项目总结

　　茶艺表演源于我国,可谓源远流长。惜乎这种雅致的茶文化活动后来日渐式微,反倒是邻近的韩国、日本等国家的茶文化界对之相当重视,精益求精,并形成了具有各自民族特色的茶席风格与范式。希望同学们通过学习茶席设计、服装和音乐的选配后,努力钻研技艺、勤于学习,能够自己设计出好的作品出来。

项目四

茶艺表演技艺

项目描述

　　表演技艺是茶艺表演中最为重要的一部分,它既包含了茶的基本冲泡程序,又结合了表演的成分。此项目有 3 个学习情境:茶具展示、茶的基本知识及冲泡要素、茶艺表演的程序。

学习情境一

茶具展示

学习目标

　　认识茶艺表演的茶具;能小组合作完成茶艺表演的茶具展示环节。

知识学习

一、认识茶具

（一）"茶室四宝"

潮汕乌龙茶的"茶室四宝":玉书煨(石畏)、潮汕炉、孟臣罐、若琛瓯。

1.玉书煨(石畏)

玉书煨即烧开水的壶。为赭色薄瓷扁形壶,容水量约为 250 mL。水沸时,盖子"卜卜"作声,如唤人泡茶。现代已经很少再用此壶,一般的茶艺馆,多用宜兴出的稍大一些的紫砂壶,多作南瓜形或东坡提梁壶形,也有用不锈钢壶的,用电,可保温(见图 4.1)。

图 4.1　玉书煨

2. 潮汕炉

潮汕炉是烧开水用的火炉。它小巧玲珑,可以调节风量,掌握火力大小,以木炭作燃料。此炉在现代使用较少,现代最常用的是随手泡和电磁炉(见图4.2)。

图4.2 潮汕炉

3. 孟臣罐

孟臣罐即泡茶的茶壶。为宜兴紫砂壶,以小为贵。孟臣即明末清初时的制壶大师惠孟臣,其制作的小壶非常闻名。壶的大小,因人数多少而异,一般是300 mL以下容量的小壶(见图4.3)。

图4.3 孟臣罐

4. 若琛瓯

若琛瓯即品茶杯。为白瓷翻口小杯,杯小而浅,容水量为10~20 mL。现在常用的饮杯有两种:一种是白瓷杯,另一种是紫砂杯,内壁贴白瓷。

(二)茶船(茶盘)

茶船形状有盘形、碗形,茶壶置于其中,盛热水时供暖壶烫杯之用,又可用于养壶。茶盘则是托茶壶茶杯之用。现在常用的是两者合一的茶盘,即有孔隙的茶盘置于茶船之上。这种茶盘的产生,是因为乌龙茶的冲泡过程较复杂,从开始的烫杯热壶,以及后来每次冲泡均需热水淋壶,双层茶船可使水流入下层,不致弄脏台面。茶盘的质地不一,常用的有紫砂和竹器。

（三）茶海（公道杯）

形状似无柄的敞口茶壶。因乌龙茶的冲泡非常讲究时间,就是几秒、十几秒之差,也会使得茶汤质量大大改变。所以即使是将茶汤从壶中倒出的短短十几秒时间,开始出来以及最后出来的茶汤浓淡也非常不同。为避免浓淡不均,故先把茶汤全部倒至茶海中,然后再分至杯中;同时可沉淀茶渣、茶末（见图4.4）。

图4.4　茶海（公道杯）

（四）闻香杯

闻香时使用,杯身细长,是品饮乌龙茶时特有的茶具,多用于冲泡台湾高香的乌龙时使用。与饮杯配套,质地相同,加一茶托则为一套闻香组杯（见图4.5）。

图4.5　品茗杯（矮）和闻香杯（高）

（五）茶荷（赏茶荷）

茶荷形状多为有引口的半球形,瓷质或竹质,用以盛干茶,供人欣赏干茶并投入茶壶之用（见图4.6）。

图 4.6　茶荷

（六）茶道组

因其组合共有 6 件物品，故又称茶道六君子（见图 4.7）。

图 4.7　茶道组

①茶则——用来量取干茶。

②茶针——茶针的功用是疏通茶壶的壶口，以保持水流畅通。

③茶匙——形状像汤匙，所以称茶匙，其主要用途是拨茶入壶或挖取泡过的茶和壶内茶叶。

④茶夹——茶夹功用与茶匙相同，可将茶渣从壶中夹出，也常有人拿它来夹着茶杯洗杯，防烫又卫生。

⑤茶漏——茶漏则于置茶时放在壶口上，以导茶入壶，防止茶叶掉落壶外。

⑥茶筒——盛放茶艺用品的器皿。

（七）盖碗

盖碗也称盖杯、三才碗（见图 4.8）。分为茶碗、碗盖、托碟 3 部分，盖表示天，底表示地，中间部分的碗表示人，寓意茶为天涵之、地载之、人蕴之的灵物。三者合一也暗含天地人和之意。

图4.8　盖碗(三才杯)

二、茶具的选用

茶具的色泽是指制作材料的颜色和装饰图案花纹的颜色,通常可分为冷色调与暖色调两类。冷色调包括蓝、绿、青、白、灰、黑等颜色,暖色调包括黄、橙、红、棕等色。凡是用素色装饰的茶具,可以主色划分归类。茶器色泽的选择是指外观颜色的选择搭配,其原则是要与茶叶相配,饮具内壁以白色为好,能真实反映茶汤色泽与明亮度;并应注意主茶具中壶、盅、杯的色彩搭配,再辅以船、托、盖,使其浑然一体,天衣无缝。最后以茶具的色泽为基准,配以辅助用品。

花茶一般常用瓷壶冲泡,或者直接用瓷杯进行冲泡和饮用,冲泡的瓷壶大小视人数多少而定;而喜欢炒青或烘青的绿茶就要用盖碗冲泡。如果品饮的是名优绿茶,那么最适宜用玻璃杯冲泡,可以看到茶叶和水的交融,别有情趣。在用玻璃杯冲泡名优绿茶时,还需要根据茶的品种和茶叶的重量选择冲泡方法。紫砂壶因其较好的透气性和保温作用,特别适宜冲泡乌龙茶和普洱茶。再有,品饮绿茶类名茶或其他细嫩绿茶,茶杯均宜小不宜大,用大杯则水量多、热量大,茶叶容易被"烫熟",对茶汤的色、香、味会有一定的影响。

乌龙茶茶具的选择可根据其焙火和发酵程度来定。轻发酵及重发酵类,可选用白瓷及白底花瓷壶杯具或盖碗、盖杯;半发酵及轻、重焙火类,可选用朱泥或灰褐系列炻器壶杯具;半发酵及重焙火类,可选用紫砂壶杯具。

实训活动

活动名称:辨识、介绍茶具的名称及使用方法。

活动目的:能认识茶具;能掌握茶具的基本用途。

活动过程:教师展示茶具,学生辨识。再分组练习,一名同学展示,一名同学对其用途进行介绍。

活动总结:_____

_____

_____

_____

学习情境二
茶的基本知识及冲泡要素

学习目标

掌握6大茶类的品质特征及分类;掌握6大茶类的冲泡3要素。

知识学习

一、绿茶类

中国是世界最大的绿茶生产与出口国,2011年绿茶生产量为116万t,其中绿茶出口量25.7万t,约占世界绿茶总产量和世界绿茶总贸易量的80%。中国绿茶在世界绿茶贸易中占主导地位。

（一）绿茶的加工工艺

绿茶属不发酵茶,它的初制基本工艺是"杀青—揉捻—干燥"。

（二）绿茶的品质特征及代表品种

绿茶的基本特征是叶绿汤清,具有"清汤绿叶"的品质,通常要求具有"三绿"特征。"三绿"即干茶翠绿,汤色碧绿,叶底嫩绿。

绿茶根据杀青方式和最后干燥方式的不同,可分为炒青绿茶、烘青绿茶、蒸青绿茶和晒青绿茶4类。用热锅炒干称为炒青,用烘焙方式进行干燥的称为烘青,利用日光晒干的称为晒青,鲜叶经过高温蒸气杀青的称为蒸青,各种绿茶的代表品种见表4.1。

表4.1　绿茶的分类

茶　类	细分品种		代表品种
绿茶	炒青绿茶	长炒青	外形细长如眉,代表品种有珍眉、秀眉等
		圆炒青	外形颗粒圆紧,代表品种有平水珠茶等
		扁炒青	外形扁平,代表品种有龙井茶、旗枪茶、大方茶等
	烘青绿茶		黄山毛峰、太平猴魁、六安瓜片等
	蒸青绿茶		滇青、川青等
	晒青绿茶		恩施玉露、煎茶等

（三）绿茶的冲泡3要素

1. 投茶量

1 g绿茶,冲入开水50～60 mL。通常一只容水量在100～150 mL的玻璃杯,投茶量

2～3 g。如果用壶泡法,茶叶用量按壶大小而定,一般以每克茶冲50～60 mL 水的比例,将茶叶投入茶壶待泡。细嫩的名优绿茶用量也可视品饮者的需要稍作调整。

2.冲泡用水温度

普通绿茶用80～85 ℃的水冲泡,但遇到极细嫩的名优绿茶,一般只能用75～80 ℃的水冲泡。只有这样,泡出来的茶汤色才清澈不浑,香气纯正,滋味鲜爽,叶底明亮,使人饮之可口。如果水温过高,汤色就会变黄;茶芽因"泡熟"而不能直立,失去欣赏性;维生素遭到大量破坏,降低营养价值;咖啡因、茶多酚的快速浸出,使茶汤产生苦涩味,这就是人们常说的把茶"烫熟"了。而且咖啡因、茶多酚的快速浸出,茶味淡薄,同样会降低饮茶的功效。

3.浸泡时间

泡绿茶的时间必须适中,时间短了,茶汤会淡而无味,香气不足;时间长了,茶汤太浓,茶色过深,茶香也会因散失而变得淡薄。这是因为茶叶一经用水冲泡,茶中可溶解于水的浸出物会随着时间的延续,不断浸出和溶解于水中。所以,茶汤的滋味总是随着冲泡时间的延长而逐渐增浓的;沸水冲泡茶汤后,在不同时间段,茶汤的滋味、香气也是不一样的。

绿茶的头泡茶以冲泡20～30 s 饮用为好,如想再饮,到杯中剩有1/3 茶汤时,再续开水。

二、红茶类

红茶是世界上产量和贸易量最大的茶类,它滋味极具容纳性,用调饮法可品到不一样的风味。

(一)红茶的加工工艺

红茶属全发酵茶,它的初制工艺为"萎凋—揉捻—发酵—干燥"。其中"发酵"是形成红茶品质特征的关键工序。

(二)红茶的品质特征及代表品种

红茶的基本特征是干茶色泽乌润,汤色红艳,叶底红亮。

红茶根据加工方法的不同,可分为小种红茶、工夫红茶和红碎茶。具体分类见表4.2。

表4.2 红茶的分类

茶 类	细分品种	代表品种
红茶	小种红茶	外形粗壮肥实、色泽乌润、香气高长带松烟香;代表品种有正山小种等
	工夫红茶	外形条索紧直匀齐、色泽乌润、香气浓郁、叶底红艳明亮;代表品种有祁红、滇红等
	红碎茶	代表品种有滇红碎茶等

（三）红茶的冲泡 3 要素

1. 投茶量

红茶品饮，主要有清饮和调饮两种。

①清饮法。每克茶用水量以 50～60 mL 为宜，如选用红碎茶则每克茶叶用水量为 70～80 mL。

②调饮法。是在茶汤中加入调料，如加入糖、牛奶、柠檬、咖啡、蜂蜜等，茶叶的投放量则可随品饮者的口味而定。

2. 冲泡用水温度

泡茶水温的高低，与茶的老嫩、条形松紧有关。大致说来，茶叶原料粗老、紧实、整叶的，要比茶叶原料细嫩、松散、碎叶的茶汁浸出要慢得多，所以冲泡水温要高。大宗的红茶、花茶而言，由于茶芽加工原料适中，可用 90 ℃左右的开水冲泡。

3. 浸泡时间

普通红茶，头泡茶以冲泡 20～30 s 饮用为好，如想再饮，到杯中剩有 1/3 茶汤时，再续开水。

三、青茶类

青茶也被称为乌龙茶，广受福建、广东等地居民的喜爱，长期的品饮让人们创出一套乌龙茶的品饮程序。

（一）青茶的加工工艺

青茶属半发酵茶，它的初制工艺为"萎凋—做青—炒青—揉捻—干燥"。其中"做青"是形成青茶"绿叶红镶边"的关键工序。

（二）青茶的品质特征及分类

青茶的基本特征是干茶呈深绿色或青褐色，俗称"青蛙皮"。茶汤蜜绿色或蜜黄色，带花香果味，从清新的花香、果香到熟果香都有，滋味醇厚回甘，略带微苦也能回甘，是最能吸引人的茶叶。

青茶根据产地的不同，可分为闽北乌龙、闽南乌龙、广东乌龙和台湾乌龙。具体分类见表4.3。

表4.3　青茶的分类

茶　类	细分品种	代表品种
乌龙茶（青茶）	闽北乌龙	武夷岩茶、水仙、大红袍、肉桂等
	闽南乌龙	铁观音、奇兰、黄金桂等
	广东乌龙	凤凰单枞、凤凰水仙、岭头单枞等
	台湾乌龙	冻顶乌龙、包种等

（三）青茶冲泡 3 要素

1. 投茶量

我国乌龙茶品种丰富，茶叶外形差异较大，如凤凰水仙系的乌龙茶、武夷岩茶、台湾文山包种茶的茶叶呈粗壮的条索状；铁观音、本山、毛蟹等呈螺钉状；而台湾冻顶乌龙等呈外形紧结的半球状，因此投茶量也有所不同。一般冲泡乌龙茶，适宜使用江苏宜兴出产的紫砂壶，根据品茶人数选用大小适宜的壶，投茶量视乌龙茶的品种和形状而定，条形紧结的半球形乌龙茶用量以壶的二三成满即可；松散的条索形乌龙茶，用量以容器的八成满为宜。

2. 冲泡用水温度

由于乌龙茶所选用的是较成熟的芽叶做原料，加之用茶量较大，所以需用 100 ℃沸水直接冲泡。为了避免温度降低，在泡茶前要用开水烫热茶具，冲泡后还要用沸水淋壶加温，这样才能将茶汁充分浸泡出来。

3. 浸泡时间

乌龙茶用茶量比较大，又要经过沸水浇淋壶身，因此第一泡 15 s 左右即可将茶汤倒出，第二三泡时间为 15 ~ 20 s，第四泡后每次可适当延长 5 s，这样可使茶汤浓度不致相差太大。

四、白茶类

此类茶依据成品茶的外观呈白色，故名白茶。白茶为福建特产，主要产区在福鼎、政和、松溪、建阳等地。

（一）白茶的加工工艺

白茶属部分发酵茶，它的初制工艺为"萎凋—轻揉—干燥"。其中"萎凋"是形成白茶品质特征的关键工序。

（二）白茶的品质特征及代表品种

白茶具有外形芽毫完整、满身披毫、毫香清鲜，汤色黄绿清澈、滋味清淡回甘的品质特点。

白茶的代表品种有银针白毫、白牡丹、寿眉等。

（三）白茶冲泡 3 要素

1. 投茶量

冲泡白茶时，用茶量与绿茶相仿，每克茶的开水用量为 50 ~ 60 mL。需注意的是，在冲泡针状白茶时，如白毫银针，每杯茶的投放量应恰到好处，太多和太少都不利于欣赏杯中的茶的姿形景观。

2.冲泡用水温度

白茶多采用细嫩的茶芽为原料加工而成,如白毫银针。但由于白茶不炒不揉,自然萎凋至干燥或烘干,内含物质保留完整,细胞未破碎,因此冲泡温度可在90~95 ℃,从而使茶芽条条挺立,犹如雨后春笋,使饮茶者可通过玻璃杯观赏茶芽的形和姿。

3.浸泡时间

因为白茶在加工时未经揉捻,加之冲泡水温又低,茶汁不易浸出,需加长冲泡时间。所以常在冲泡30~50 s后才开始品茶,不过品茗者可以通过这段时间尽情欣赏茶芽的变化。

五、黄茶类

黄茶是我国的特产,人们从炒青绿茶中发现,由于杀青、揉捻后干燥不足或不及时,叶色即变黄,于是产生了新的品类——黄茶。

(一)黄茶的加工工艺

黄茶属部分发酵茶,它的初制工艺为"杀青—揉捻—闷黄—干燥"。其中"闷黄"是形成黄茶"黄汤黄叶"独特品质风格的关键工序。

(二)黄茶的品质特征及代表品种

黄茶的品质特征是黄叶黄汤,香气清悦,滋味甘爽。

黄茶按其鲜叶老嫩和芽叶的大小,又分为黄芽茶、黄小茶和黄大茶。具体分类见表4.4。

表4.4　黄茶的分类

茶　类	细分品种	代表品种
黄茶	黄芽茶	黄芽茶原料细嫩、采摘单芽或一芽一叶加工而成;代表品种有君山银针、蒙顶黄芽、霍山黄芽等
	黄小茶	采摘细嫩芽叶加工而成;代表品种有北港毛尖、沩山白毛尖、远安鹿苑、皖西黄小茶、平阳黄汤等
	黄大茶	采摘一芽二三叶甚至一芽四五叶为原料制作而成;代表品种有皖西黄大茶、黄大茶、广东大叶等

(三)黄茶冲泡3要素

1.投茶量

冲泡黄茶时,用茶量与绿茶相仿,每克茶的开水用量为50~60 mL。

2.冲泡用水温度

黄茶多采用细嫩的茶芽为原料加工而成,而一些名优黄茶只能用70 ℃左右的开水冲泡,才不致泡熟茶芽。

3.浸泡时间

因为黄茶在加工时未经揉捻,加之冲泡水温又低,茶汁不易浸出,需加长冲泡时间。所以常在冲泡30~50 s后才开始品茶,不过品茗者可以通过这段时间尽情欣赏茶芽的变化。

六、黑茶类

依据成品茶的外观呈黑色,故名黑茶。主产区为四川、云南、湖北、湖南、陕西等地。近几年来,黑茶受到广大茶人的喜爱。

(一)黑茶的加工工艺

黑茶属后发酵茶,它的初制工艺为"杀青—揉捻—渥堆—干燥"。其中"渥堆"是形成黑茶品质风格的关键工序。

(二)黑茶的品质特征及代表品种

黑茶的品质特征是色泽黑褐泊润,内质汤色橙红,香气醇和不涩,叶底黄褐粗大。

黑茶按地域分布,主要分为滇南黑茶、四川边茶、滇桂黑茶、湖北老青茶。具体分类见表4.5。

表4.5　黑茶的分类

茶 类	细分品种	代表品种
黑茶	湖南黑茶	安化黑茶等
	四川边茶	雅安藏茶(黑茶鼻祖)、西路边茶等
	滇桂黑茶	普洱茶、六堡茶等
	湖北老青茶	蒲圻老青茶、咸宁老青茶等

(三)黑茶冲泡3要素

1.投茶量

以普洱散茶为例,一般选用盖碗冲泡,投茶量为5~8 g;如用小壶冲泡,茶叶投放三匹成即可。

2.冲泡用水温度

由于黑茶所选用的是较成熟的芽叶做原料,属后发酵茶,加之用茶量较大,所以须用100 ℃沸水直接冲泡。对于用粗老原料加工而成的砖茶,即使用100 ℃的沸水冲泡,也很难将茶汁浸泡出来。所以,喝砖茶时,需先将打碎的砖茶放入容器中,加入一定数量的水,再经煎煮,方能饮用。

3.浸泡时间

用盖碗或壶冲泡时,用茶量较大,可15~20 s后出汤。

实训活动

活动名称:掌握茶类的冲泡3要素。

活动目的:能掌握6大茶类的冲泡三要素。

活动过程:学生分6个小组,每组进行一种茶类的冲泡3要素练习,记录下不同的投茶量、水温及浸泡时间冲泡出来的茶汤的味道,并推选1人进行总结汇报。

活动评价:请将你的各项测评填入下面的表格中。

活动小组:　　　　　　　　　　　　　　活动时间:

茶　类	投茶量	冲泡水温	浸泡时间	评测结果

学习情境三

茶艺表演的程序

学习目标

掌握各类茶具的茶艺表演程序;能进行各类茶具的表演程序。

知识学习

一、绿茶茶艺表演程序

(一)所用茶具

玻璃杯、随手泡、茶道组、赏茶荷、奉茶盘、茶巾、茶船等。

（二）表演程序

茶叶的投法有3种，即上投法、中投法、下投法。

①上投法：即先在杯中注入水至七分满，再投入茶叶。适用于条索紧实、细嫩度极好、易吸水下沉的绿茶，如碧螺春、庐山云雾、蒙顶山甘露等。

②中投法：即先在杯中注入1/3的水，再投入适量的茶叶，润茶后，再加水至七分满。适用于虽细嫩但很松展，不易下沉的茶叶，如信阳毛尖、竹叶青、西湖龙井等。

③下投法：即先投入茶后，冲水至杯的七分满。适用于松散不易下沉、扁平光滑的茶叶，如太平猴魁、峨眉毛峰等。

此表演程序采用的是下投法。

1.冰心去凡尘（温杯洁具）

将玻璃杯一字摆开，依次倾入1/3的开水，然后从右侧开始，右手捏住杯底，左手扶住杯身，逆时针轻轻旋转杯身，再将杯中的开水依次倒入茶船中。当面清洁茶具既是对客人的礼貌，又可以让玻璃杯预热，避免正式冲泡时炸裂（见图4.9）。

图4.9　冰心去凡尘

2.春波展英姿（赏茶）

用茶匙从茶叶罐中轻轻拨取适量茶叶入茶荷，供客人欣赏干茶外形及香气，根据需要，可用简短的语言介绍一下即将冲泡的茶叶品质特征和文化背景，以引发品茶者的情趣（见图4.10）。

图4.10　春波展英姿

3. 清宫迎佳人（投茶）（见图4.11）

图4.11　清宫迎佳人

4. 凤凰三点头（冲泡）

水烧开后,待到适合的温度,就可冲泡了。执壶以"凤凰三点头"法高冲注水。将水高冲入杯,并在冲水时手臂上下移动,使水壶有节奏地三起三落,犹如凤凰向观众再三点头致意,这叫"凤凰三点头"。这样能使茶杯中的茶叶上下翻滚,有助于茶叶内含物质浸出来,茶汤浓度达到上下一致,也可用"高山流水"法注水。一般冲水入杯至七成满为止（见图4.12）。

图4.12　凤凰三点头

5. 观音捧玉瓶（奉茶）

右手捏住杯底,左手扶住杯身(注意不要捏杯口),双手将茶送到客人面前,放在方便客人提取品饮的位置。茶放好后,向客人伸出右手,做出"请"的手势,或说"请品茶"（见图4.13）。

图 4.13　观音捧玉瓶

6. 慧心悟茶香(鉴赏茶汤)(见图 4.14)

图 4.14　慧心悟茶香

7. 淡中回至味(品茶)

一口润喉,二口品茗,三口回味(见图 4.15)。

图 4.15　淡中回至味

二、茉莉花茶茶艺表演程序

(一)所用茶具

三才杯(盖碗)、随手泡、木制托盘、茶荷、茶道具、茶巾。

(二)表演程序

1.烫杯——春江水暖鸭先知

这是苏东坡的一句名诗,苏东坡不仅是一个多才多艺的大文豪,而且是一个至情至性的茶人。借助苏东坡的这句诗描述烫杯,请各位充分发挥自己的想象力,看一看在茶盘中经过开水烫洗之后,冒着热气的、洁白如玉的茶杯,像不像一只只在春江中游泳的小鸭子(见图4.16)?

图4.16 烫杯

2.赏茶——香花绿叶相扶持

赏茶也称为"目品"。"目品"是花茶三品(目品、鼻品、口品)中的头一品,目的即观

图4.17 赏茶

察鉴赏花茶茶坯的质量,主要观察茶坯的品种、工艺、细嫩程度及保管质量。如特级茉莉花茶。这种花茶的茶坯多为优质绿茶,茶坯色绿质嫩,在茶中还混有少量的茉莉花干花,干花的色泽应白净明亮,这称为"锦上添花"。在用肉眼观察了茶坯之后,还要干闻花茶的香气。通过上述鉴赏,我们一定会感到好的花茶确实是"香花绿叶相扶持",极富诗意,令人心醉(见图4.17)。

3. 投茶——落英缤纷玉杯里

"落英缤纷"是晋代文学家陶渊明先生在《桃花源记》一文中描述的美景。当我们用茶拨把花茶从茶荷中拨进洁白如玉的茶杯时,花干和茶叶飘然而下,恰似"落英缤纷"(见图4.18)。

图4.18 投茶

4. 冲水——春潮带雨晚来急

冲泡花茶也讲究"高冲水"。冲泡特级茉莉花时,要用90 ℃左右的开水。热水从壶中直泄而下,注入杯中,杯中的花茶随水浪上下翻滚,恰似"春潮带雨晚来急"(见图4.19)。

图4.19 冲水

5. 闷茶——三才化育甘露美

冲泡花茶一般要用"三才杯",茶杯的盖代表"天",杯托代表"地",茶杯代表"人"。人们认为茶是"天涵之,地载之,人育之"的灵物(见图4.20)。

图 4.20 　闷茶

6. 敬茶———一盏香茗奉知己

敬茶时应双手捧杯,举杯齐眉,注目嘉宾并行点头礼,然后从右到左,依次一杯一杯地把沏好的茶敬奉给客人,最后一杯留给自己(见图4.21)。

图 4.21 　敬茶

7. 闻香———杯里清香浮清趣

闻香也称为"鼻品",这是三品花茶中的第二品。品花茶讲究"未尝甘露味,先闻圣妙香"。闻香时主要看 3 项指标:一闻香气的鲜灵度,二闻香气的浓郁度,三闻香气的纯度。细心地闻优质花茶的茶香,是一种精神享受,一定会感悟到在"天、地、人"之间,有一股新鲜、浓郁、纯正、清和的花香伴随着清悠高雅的花香,沁入心脾,使人陶醉(见图 4.22)。

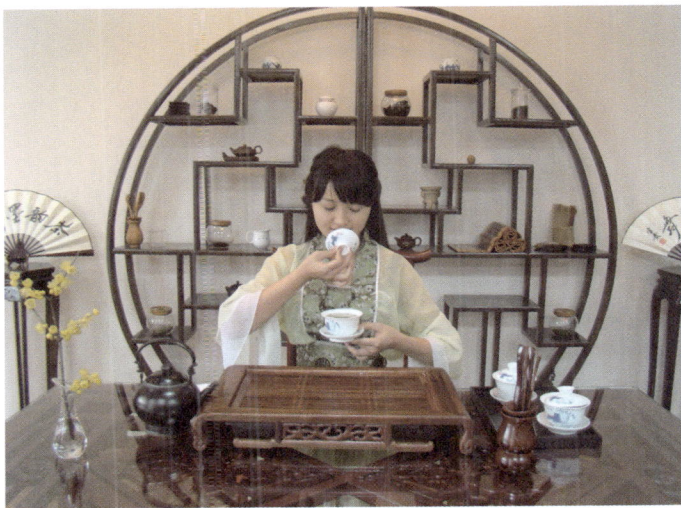

图 4.22　闻香

8.品茶——舌端甘苦入心底

品茶是指三品花茶的最后一品:口品。在品茶时依然是天、地、人三才杯不分离,依然是用左手托杯,右手将杯盖的前沿下压,后沿翘起,然后从开缝中品茶,品茶时应小口喝入茶汤(见图4.23)。

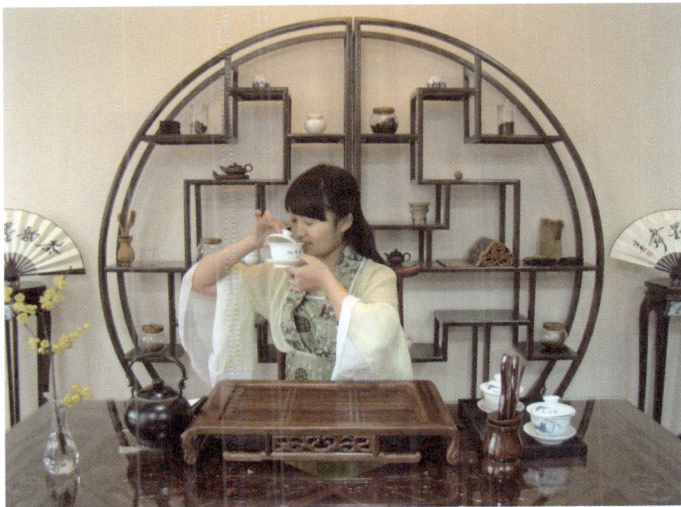

图 4.23　品茶

9.谢茶——饮罢两腋清风起

人们认为一杯茶中有人生百味,无论茶是苦涩、甘鲜还是平和、醇厚,从一杯茶中人们都会有良好的感悟和联想,所以品茶重在回味(见图4.24)。

图 4.24　谢茶

三、乌龙茶茶艺表演程序

（一）所用茶具

紫砂壶、闻香杯、品茗杯、随手泡、木制托盘、茶荷、茶道具、茶巾。

（二）表演程序

1. 活煮甘泉，神入茶境

首先营造一个祥和、肃穆、无比温馨的气氛（见图 4.25）。

图 4.25　烹水

2. 大彬沐浴，温壶烫盏

大彬沐浴就是用开水浇烫茶壶，其目的是洗壶和提高壶温（见图 4.26）。

图 4.26　烫壶

3. 孔雀开屏,叶嘉酬宾

孔雀开屏是茶艺表演者给宾客介绍茶具;"叶嘉"是苏东坡对茶叶的美称,叶嘉酬宾,就是请大家鉴赏乌龙茶的外观形状(见图 4.27、图 4.28)。

图 4.27　介绍茶具

图 4.28　赏茶

4. 玉壶迎珠,乌龙入宫

将茶叶用茶匙拨入茶壶中,切勿将茶叶散落于茶盘上(见图4.29)。

图4.29 拨茶

5. 春风拂面,壶外追香

"春风拂面"是指用壶盖轻轻地刮去茶壶表面的白色泡沫,使壶内的茶汤更加清澈、洁净。品乌龙茶讲究"头泡汤,二泡茶,三泡、四泡是精华"。头一泡冲出的一般不喝,直接注入茶海(见图4.30)。

图4.30 刮去泡沫

6. 重洗仙颜,凤凰点头

"重洗仙颜"在这里寓为第二次冲泡,它有利于茶香的散发。茶艺表演者执壶冲水,犹如凤凰点头,再三向宾客致意(见图4.31)。

图 4.31　二次冲泡

7. 玉液回壶，再注甘露

将茶汤再次注入茶海中（见图 4.32）。

图 4.32　再次注入茶汤

8. 祥龙行雨，甘露普降

将茶海中的茶汤快速、均匀地依次注入闻香杯中，称为"祥龙行雨"，蕴"甘露普降"的吉祥之意（见图 4.33）。

9. 龙凤呈祥，鲤鱼翻身

闻香杯中斟满茶后，将品茗杯倒扣在闻香杯上，称为龙凤呈祥。把扣合的杯子翻转过来，称为鲤鱼翻身。中国古代神话传

图 4.33　注茶汤入闻香杯

说,鲤鱼翻身越过龙门,可化龙升天而去(见图 4.34、图 4.35)。

图 4.34　龙凤呈祥

图 4.35　鲤鱼翻身

10. 举杯齐眉,敬奉香茗

将茶杯敬奉给宾客,举杯齐眉表示对宾客的尊重(见图 4.36)。

图 4.36　奉茶

11.鉴赏双色,喜闻高香

左手将茶杯端稳,用右手将闻香杯慢慢提起来,这时闻香杯中的热茶全部注入品茗杯中,随着品茗杯温度的升高而散发出香味。喜闻高香,是品茗中的头一闻,客人闻一闻杯底留香(见图4.37、图4.38)。

图4.37 举杯

图4.38 闻香

12.三龙护鼎,三品奇茗

用拇指、食指扶杯,用中指托生杯底的姿势来端杯品茶。三根手指寓为三龙。三品奇茗:一口润喉,二口品茗,三口回味(见图4.39)。

图 4.39 品茶

13. 捧杯献礼，敬杯谢茶

茶艺表演者再次向宾客敬礼，以示表演结束（见图 4.40）。

图 4.40 敬杯谢茶

四、乌龙茶茶艺表演实例讲解

（一）《茶韵墨舞》

《茶韵墨舞》是以书法为主题的茶艺表演，该设计获得重庆市第六届中等职业学校职业技能大赛台式乌龙茶茶艺表演项目三等奖。

1. 主题构思

铁观音属于乌龙茶类，是中国十大名茶之一。铁观音独具"观音韵"，清香雅韵，七泡有余香。"茶助文人思"，茶是自然界给予人类的灵物，且吸收了中国传统文化的内蕴，故它能让文人墨客思绪源源不断。茶与书法都渗透着厚重的历史文化积淀而且互相关联、影响。

2. 表演程序

茶席设计(见图4.41)。

图4.41　茶席设计

①目品墨舞(茶具展示)。瓷壶——用瓷壶冲泡铁观音,导热快,不吸香;公道杯——取其均分之意,均匀茶汤;闻香杯——用来闻取观音香;品茗杯——用来品饮茶汤(见图4.42)。

图4.42　茶具展示

②沐淋欧杯(温壶烫盏)(见图4.43)。

图4.43　温壶烫盏

③鉴赏茶韵（观赏干茶）（见图4.44）。

图4.44　观赏干茶

④观音入宫（拨茶入杯）（见图4.45）。

图4.45　拨茶入杯

⑤初润仙颜（初加沸水）（见图4.46）。

图4.46　初加沸水

⑥碧洒流霞（壶外追香）（见图4.47）。

图4.47　壶外追香

⑦观音出海（倒入公道杯）（见图4.48）。

图4.48　倒入公道杯

⑧点水留香（分茶）（见图4.49）。

图4.49　分茶

⑨龙凤呈祥（扣杯）（见图4.50）。

图4.50　龙凤呈祥

⑩凤翥鸾回（翻杯）（见图4.51）。

图4.51　凤翥鸾回

⑪举案齐眉（敬茶）（见图4.52）。

图4.52　敬茶

⑫喜闻幽香(品香)(见图4.53)。

图4.53　品香

⑬静品香茗(品茶)(见图4.54)。

图4.54　品茶

(二)《爱情铁观音》

以爱情为主题的茶艺表演,该设计获得2012年三峡工程重庆库区职业技能大赛茶艺技能比赛的一等奖。

1.主题构思

自古以来,茶便是爱情忠贞的象征。唐太宗贞观十五年(公元641年),文成公主远嫁吐蕃松赞干布时,就带去茶叶,并由此开创西藏饮茶之风。宋代吴自牧著的《梦粱录》也谈到当时杭州的婚嫁习俗:"丰富之家,以珠翠、首饰、金器、销金裙褶及缎匹、茶饼,加以双羊牵送。"茶树是常绿树,古人借此喻爱情之树常绿,爱情之花长开。以茶为聘,则是将茶作为一种吉祥物,寄托着人们的祝愿。

2.表演程序

茶席设计(见图4.55)。

图4.55　茶席设计

①观音寄思（展示干茶）。采用安溪铁观音,乌龙茶中的极品为原料。外形卷曲成螺,色泽砂绿,汤色金黄浓艳似琥珀,香高持久。紫砂壶,又称孟臣罐,是冲泡铁观音的首选。公道杯,取其均分之意,均匀茶汤。闻香杯,高而窄,用于闻取茶香。品茗杯,用来品茗和观赏茶汤(见图4.56)。

图4.56　展示干茶

②沐霖瓯杯（温杯）（见图4.57）。

图4.57　温杯

③步入仙境（拨茶入壶）（见图4.58）。

图4.58　拨茶入壶

④甘露相吟（冲水）（见图4.59）。

图4.59　冲水

⑤高山流水（倒入公道杯）（见图4.60）。

图4.60　倒入公道杯

⑥凤凰三点头（见图4.61）。

图4.61　凤凰三点头

⑦普降甘霖（分茶）（见图4.62）。

图4.62　分茶

⑧珠联璧合（见图4.63）。

图4.63　珠联璧合

⑨柔肠百转（见图4.64）。

图4.64　柔肠百转

⑩举案齐眉（敬茶）（见图4.65）。

图4.65　敬茶

⑪喜闻幽香（品香）（见图4.66）。

图4.66　品香

⑫细品佳茗(品茶)(见图4.67)。

图4.67　品茶

实训活动

活动名称:按比赛规程设计茶艺表演。

活动目的:能根据比赛规程进行茶艺表演的设计;能进行茶艺表演。

活动过程:分组进行设计并进行表演展示,组内点评和各组互评。请将你所在组的表演设计填入下面的表格中。

活动时间:　　　　　　　　　　　　活动小组:

表演者:　　　　　　　　　　　　　解说者:

表演步骤	解说词	备　注

表演步骤	解说词	备 注

比赛规程

《重庆市第六届中等学校职业技能大赛台式乌龙茶茶艺表演项目规程》

一、竞赛内容

茶艺,强调用科学的方法、艺术的手法表现茶的冲泡过程,充分展示茶的色、香、味、形,做到茶美、器美、水美、意境美、形态美、动作美,让欣赏者得到物质和精神上的享受。

本次茶艺表演竞赛项目:台式乌龙茶。每个项目又分为礼仪及仪表仪容、茶具茶席布置、茶艺表演、茶汤质量、解说 5 个内容的竞赛。

二、竞赛方式

（一）组队方式

以区县为单位组队,各参赛中职学校选 2 名队员参加竞赛,参赛队员必须是 1—3 年级在校学生。

（二）竞赛形式

1.团体赛。台式乌龙茶比赛由 1 位选手表演,1 位选手解说,解说选手可以协助主泡选手奉茶,但只能帮其端茶盘。

2.比赛所需背景音乐由播放器播放,不现场伴奏。边演示边解说,解说词由各参赛学校自己撰写。

（三）竞赛时间

台式乌龙茶表演不超过 15 min。超时扣分详见竞赛评分细则。比赛顺序按照抽签序号进行。

三、奖项设置

本次竞赛按代表队设奖,只设团体奖,每个代表队指导教师人数不超过 2 名。获奖比例按大赛组委会统一规定执行。

四、竞赛物品准备

（一）选手自备物品

1.茶具(包括紫砂壶、随手泡)。

2.茶艺表演服饰。

3.音乐(CD\DVD\MP3)。

4.接收废水用具。

（二）组委会提供物品

1.台式功夫茶采用福建安溪铁观音,由组委会统一提供。

2.通用规格茶艺表演长方形桌、椅。

3.音响设备。

4.泡茶用水(请在比赛前在组委会规定的地点将比赛用水加热)。

5.电源插座。

五、茶艺技能竞赛评分表

序号	项目	评分要求和标准	扣分标准	扣分	得分
一	仪表仪容 5 分	1.妆饰、服饰整洁大方,不能佩戴戒指、耳环(可佩戴耳钉) 2.服饰与演示茶艺相配套	(1)发型散乱、浓妆艳抹、染发、长发披肩之一者,扣 0.5 分 (2)佩戴戒指、耳环者,扣 0.5 分 (3)服饰穿着不端正,扣 0.5 分 (4)发型、服饰与茶艺表演类型不相协调,扣 2.5 分		

序号	项目	评分要求和标准	扣分标准	扣分	得分
二	茶具摆设 10分	1. 茶具组合符合演示茶艺的要求 2. 茶具配置符合原则 3. 摆台布置合理,整洁美观	(1)选用茶具与所演示的茶艺不相符者,扣1分 (2)一次配齐茶具种类,临时添加一件或多一件者,扣1分 (3)茶艺表演用具摆法恰当,位置合适,便于操作,否则扣1分 (4)表演台应整洁大方、美观,杂乱无章者,扣1分		
三	茶艺表演 50分	1. 习茶姿态正确 2. 礼仪动作规范 3. 习茶手法正确	(1)站姿、走姿摇摆,扣1分 (2)坐姿不正,双腿张开,扣1分 (3)手势中有明显多余动作,扣1分 (4)礼仪动作(鞠躬礼、伸掌礼)不规范或有误者每项扣2分 (5)演示手法如取用器物法、提壶手法、握杯手法、翻示手法、温具手法(温杯法、温壶法)、冲泡手法(凤凰三点头)、茶巾折叠法等,错一项扣1分		
		冲泡程序契合茶理,投茶量适用,水温、冲水量及时间把握合理	(1)冲泡程序不符合茶理,顺序混乱,扣2分 (2)未能正确选择所需茶叶、配料,扣1分 (3)选择水温与茶叶不相符合,过高或过低,扣1分 (4)冲水量为7分左右,过多或太少,扣1分 (5)各杯中茶水有明显差距,扣1分		
		操作动作适度,手法连绵、轻柔、顺畅,过程完整	(1)未能连续完成,中断或出错3次以上,扣2分 (2)能基本顺利完成,中断或出错2次以下,扣1分 (3)表演技艺平淡,缺乏表情及艺术品位,扣1分 (4)表演尚显艺术感,艺术品位平淡,扣1分 (5)表演过程中,茶具碰撞出声2次,扣1分		
		奉茶姿态、姿势自然,言辞恰当	(1)奉茶姿态不端正,扣0.5分 (2)奉茶次序混乱,扣1分 (3)脚步混乱,扣0.5分 (4)不注重礼貌用语,扣0.5分 (5)收回茶具次序混乱,扣0.5分		
		收具	(1)收具顺序混乱,茶具摆放不合理,扣1分 (2)离开表演台时,走姿不端正,扣1分		
四	茶汤质量 15分	茶色、香、味、形表达充分	(1)无能表达出茶色、香、味、形,扣3分 (2)能表达出茶色、香、味、形其一者,扣2分 (3)能表达出茶色、香、味、形其二者,扣1分		
		奉客人茶汤应温度适宜	(1)茶汤温度过高或过低,扣2分 (2)茶汤温度与较适宜饮用温度相差不大,扣1分		
		茶汤适量	(1)茶量过多,溢出茶杯杯沿,扣1分 (2)茶量偏少,扣0.5分		
五	解说 20分	1. 普通话标准 2. 有创意,讲解口齿清晰婉转,能引导和启发观众对茶艺的理解,给人以美的享受	(1)普通话不标准,扣1分 (2)讲解与表演过程不协调,扣1分 (3)讲解不能很好地表达主题,扣1分 (4)讲解口齿不清晰,扣1分 (5)讲解欠艺术表达力,扣1分		

081

项目四　茶艺表演技艺

《2012年三峡工程重庆库区职业技能大赛茶艺技能比赛规程》

一、竞赛内容

茶艺,强调用科学的方法、艺术的手法表现茶的冲泡过程,充分展示茶的色、香、味、形,做到茶美、器美、水美、意境美、形态美、动作美,让欣赏者得到物质和精神上的享受。

本次茶艺表演竞赛为台式乌龙茶冲泡。

二、竞赛方式

1.组队和竞赛方式:每队分别由2名选手组成,一位表演,一位解说。所需音乐由播放器播放,不现场伴奏。边演示边解说,解说词由各参赛队自己撰写。

2.竞赛时间。由选手示意开始至奉茶并演示喝茶后结束,全部表演不超过12 min。超时扣分详见竞赛评分细则。比赛顺序按照抽签序号进行。

三、奖项设置

本次竞赛只设个人奖。获奖比例按大赛组委会统一规定执行。

四、竞赛物品准备

(一)选手自备物品

1.茶具(包括茶盘、主泡器、备水器、辅助用具等)。

2.茶艺表演服饰。

3.音乐(CD\DVD\MP3)。

4.接收废水用具。

(二)组委会提供物品

1.采用福建安溪铁观音。

2.采用坐式茶艺表演长方形桌子、椅。

3.音响设备。

4.泡茶用水(由组委会指定用水,请各参赛队比赛前在组委会规定的地点取水,将比赛用水加热)。

5.电源插座。

五、茶艺技能竞赛评分表

茶艺技能竞赛(规定茶艺)评分表

参赛选手号:_____

序号	项目	评分要求和标准	扣分标准	扣分	得分
一	仪表仪容 5分	1.妆饰、服饰整洁大方 2.服饰与演示茶艺相配套	(1)发型散乱、浓妆艳抹、染发、长发披肩之一者,扣0.5分 (2)服饰穿着不端正,扣0.5分 (3)发型、服饰与茶艺表演类型不相协调,扣3分		

序号	项目	评分要求和标准	扣分标准	扣分	得分
二	茶具摆设 15分	1. 茶具组合符合演示茶艺的要求 2. 茶具配置符合原则(要求乌龙茶杯4个及以上,具体数量由选手根据茶具大小自行配备) 3. 摆台布置合理,整洁美观	(1)选用茶具与所演示的茶艺不相符者,扣1分 (2)一次配齐茶具种类,临时添加一件或多一件者,扣1分 (3)茶艺表演用具摆法恰当,位置合适,便于操作,否则扣1分 (4)表演台应整洁大方、美观,杂乱无章者,扣1分		
三	茶艺表演 50分	1. 习茶姿态正确 2. 礼仪动作规范 3. 习茶手法正确	(1)坐姿不正,双腿张开,扣1分 (2)手势中有明显多余动作,扣1分 (3)礼仪动作(鞠躬礼、伸掌礼)不规范或有误者,每项扣2分 (4)演示手法如取用器物法、提壶手法、握杯手法、翻杯手法、温具手法(温杯法、温壶法)、冲泡手法(凤凰三点头)、茶巾折叠法等,错一项扣1分		
		冲泡程序契合茶理,投茶量适用,水温、冲水量及时间把握合理	(1)冲泡程序不符合茶理,顺序混乱,扣2分 (2)杯中茶汤量为7分左右,过多或太少,扣2分 (3)各杯中茶水有明显差距,扣2分		
		操作动作适度,手法连绵、轻柔、顺畅,过程完整	(1)未能连续完成,中断或出错3次以上,扣2分 (2)能基本顺利完成,中断或出错2次以下,扣1分 (3)表演技艺平淡,缺乏表情及艺术品位,扣1分 (4)表演尚显艺术感,艺术品位平淡,扣1分 (5)表演过程中,茶具碰撞出声2次,扣1分		
		奉茶姿态、姿势自然,言辞恰当	(1)奉茶姿态不端正,扣0.5分 (2)奉茶次序混乱,扣1分 (3)脚步混乱,扣0.5分 (4)不注重礼貌用语,扣0.5分		
		收具	(1)收具顺序自行确定,要求动作干净利索,若有茶具碰倒或掉落,扣1分 (2)离开表演台时,走姿不端正,扣1分		
四	茶汤质量 10分	茶色、香、味、表达充分(5分)	(1)未能表达出茶色、香、味,扣5分 (2)能表达出茶色、香、味其一者,扣3分 (3)能表达出茶色、香、味其二者,扣2分		
		茶汤适量(5分)	(1)茶量过多,溢出茶杯杯沿,扣3分 (2)茶量偏少,扣2分		

083

续表

序号	项目	评分要求和标准	扣分标准	扣分	得分
五	解说 20分	1. 普通话标准 2. 有创意,讲解口齿清晰婉转,能引导和启发观众对茶艺的理解,给人以美的享受	(1)普通话不标准,扣1分 (2)讲解与表演过程不协调,扣1分 (3)讲解不能很好地表达主题,扣1分 (4)讲解口齿不清晰,扣1分 (5)讲解欠艺术表达力,扣1分		
六	关于超时扣分:每超过10 s扣1分,以此类推,超过1 min后不再计时,无成绩				

知识拓展

关于铁观音的茶诗

《与道人介庵游历佛耳,煮茶诗月而归》

后周·詹敦仁

活火新烹涧底泉,与君竟日款谈玄。

酒须迳醉方成饮,茶不容烹却足禅。

闲扫白云眠石上,待随明月过山前。

夜深归去衣衫冷,道服纶巾羽扇便。

《茶》

清·连横

安溪竞说铁观音,露叶疑传紫竹林。

一种清芬忘不得,参禅同证木樨心。

项目总结

　　绿茶、茉莉花茶以及乌龙茶的冲泡过程多且具有代表性,冲泡过程所需专业技术强,所以在设计茶艺表演时应程序清楚,表演者也应具备较强的专业能力。同学们在学习此项目时,应勤加练习,小组分工合作,才能设计出一台完美的茶艺表演。

附录1
中级茶艺师的技能要求

职业功能	工作内容	技能要求	相关知识
一、接待	（一）礼仪	1. 能够做到个人仪容仪表整洁大方 2. 能够正确使用礼貌服务用语	1. 仪容仪表仪态常识 2. 语言应用基本常识
	（二）接待	1. 能够做好营业环境准备 2. 能够做好营业用具准备 3. 能够做好茶艺人员准备 4. 能够主动、热情地接待客人	1. 环境美常识 2. 营业用具准备的注意事项 3. 茶艺人员准备的基本要求 4. 接待程序基本常识
二、准备与演示	（一）茶艺准备	1. 能够识别主要茶叶品类并根据泡茶要求准备茶叶品种 2. 能够完成泡茶用具的准备 3. 能够完成泡茶用水的准备 4. 能够完成冲泡用茶相关用品的准备	1. 茶叶分类、品种、名称 2. 茶具的种类和特征 3. 泡茶用水的知识 4. 茶叶、茶具和水质鉴定知识
	（二）茶艺演示	1. 能够在茶叶冲泡时选择合适的水质、水量、水温和冲泡器具 2. 能够正确演示绿茶、红茶、乌龙茶和花茶的冲泡 3. 能够正确解说上述茶艺的每一步骤 4. 能够介绍茶汤的品饮方法	1. 茶艺器具应用知识 2. 不同茶艺演示要求及注意事项
三、服务与销售	（一）茶事服务	1. 根据顾客状况和季节不同推荐相应的茶饮 2. 能够适时介绍茶的典故、艺文，激发顾客品茗的兴趣	1. 人际交流基本技巧 2. 有关茶的典故和艺术
	（二）销售	1. 能够揣摩顾客心理，适时推荐茶叶与茶具 2. 能够正确使用茶单 3. 能够熟练使用茶叶茶具的包装 4. 能够完成茶艺馆的结账工作 5. 能够指导顾客进行茶叶的储存和保管 6. 能够指导顾客进行茶具的养护	1. 茶叶茶具的包装知识 2. 结账的基本程序知识 3. 茶具的养护知识

职业技能鉴定中级茶艺师复习题

一、单项选择（选择一个正确的答案，将相应的字母填入题内的括号中。）

1. 下列选项中，（　　）不属于培养职业道德的主要途径。
   A. 努力提高自身技能　　　　　　B. 理论联系实际
   C. 努力做到"慎独"　　　　　　　D. 检点自己的言行

2. 茶艺服务中与品茶客人交流时要（　　）。
   A. 态度温和、说话缓慢　　　　　B. 严肃认真、有问必答
   C. 快速问答、简单明了　　　　　D. 语气平和、热情友好

3. 下列选项中，不属于真诚守信的基本作用的是（　　）。
   A. 有利于企业提高竞争力　　　　B. 有利于企业树品牌
   C. 树立企业信誉　　　　　　　　D. 提高技术水平

4. 《神农本草》是最早记载茶为（　　）的书籍。
   A. 食用　　　　B. 礼品　　　　C. 药用　　　　D. 聘礼

5. 擂茶在宋代为（　　）之称。
   A. 茗粥　　　　B. 米粥　　　　C. 豆粥　　　　D. 菜粥

6. （　　）茶叶的种类有粗、散、末、饼茶。
   A. 汉代　　　　B. 元代　　　　C. 宋代　　　　D. 唐代

7. 宋代（　　）的主要内容是看汤色、汤花。
   A. 泡茶　　　　B. 鉴茶　　　　C. 分茶　　　　D. 斗茶

8. 点茶法是（　　）的主要饮茶方法。
   A. 唐代　　　　B. 宋代　　　　C. 明代　　　　D. 清代

9. 清代出现（　　）品饮艺术。
   A. 信阳毛尖茶　　B. 乌龙功夫茶　　C. 白毫银针茶　　D. 白族三道茶

10. 茶艺的主要内容是（　　）。
    A. 表演和欣赏　　B. 泡茶和饮茶　　C. 种植和加工　　D. 精制和营销

11. 职业道德是人们在职业工作和劳动中应遵循的与（　　）紧密相连的道德原则和规范总和。
    A. 法律法规　　B. 文化修养　　C. 职业活动　　D. 政府规定

12. 茶艺师职业道德的基本准则，就是指（　　）。

A. 遵守职业道德原则,热爱茶艺工作,不断提高服务质量

B. 精通业务,不断提高技能水平

C. 努力钻研业务,追求经济效益第一

D. 提高自身修养,实现自我提高

13. (　　)在宋代的名称叫茗粥。

　A. 散茶　　　　　B. 团茶　　　　　C. 末茶　　　　　D. 擂茶

14. 第一部茶书的书名是(　　)。

　A.《补茶经》　　B.《续茶谱》　　C.《茶经》　　D.《茶绿》

15. 广义茶文化的含义是(　　)。

　A. 茶叶生产　　　　　　　B. 茶叶加工

　C. 茶叶的物质与精神财富的总和　　D. 茶叶的物质及经济价值关系

16. 泡茶和饮茶是(　　)的主要内容。

　A. 茶道　　　　B. 茶仪　　　　C. 茶艺　　　　D. 茶宴

17. 茶艺的3种形态是(　　)。

　A. 营业、表演、议事　　　B. 品茗、营业、表演

　C. 营业、学艺、聚会　　　D. 品茗、调解、息事

18. 6大茶类齐全的年代是(　　)。

　A. 明代　　　B. 清代　　　C. 元代　　　D. 汉代

19. 世界上第一部(　　)的作者是陆羽。

　A. 药书　　　B. 农书　　　C. 兵书　　　D. 茶书

20. 宋代(　　)的产地是当时的福建建安。

　A. 龙团茶　　　B. 粟粒茶　　　C. 北苑贡茶　　　D. 蜡面茶

21. 职业道德是(　　)所应遵循的道德原则和规范的总和。

　A. 人们在家庭生活中　　　B. 人们在职业工作和劳动中

　C. 人们在与人交往中　　　D. 人们在消费领域中

22. 下列选项中,(　　)不属于培养职业道德修养的主要途径。

　A. 积极参加社会实践　　　B. 强化道德意识

　C. 提高自己的学历水平　　　D. 开展道德评价

23. 唐代饼茶的制作需经过的工序是(　　)。

　A. 煮、煎、滤　　B. 炙、碾、罗　　C. 蒸、舂、煮　　D. 烤、烫、切

24.《大观茶论》的作者是(　　)。

　A. 蔡襄　　　B. 赵佶　　　C. 丁谓　　　D. 陆羽

25. 茶的精神财富被称为(　　)。

　A. 狭义茶文化　　B. 广义茶文化　　C. 市井茶文化　　D. 乡野茶文化

26. 茶道的基础是(　　)。

A. 茶俗　　　　　　B. 茶艺　　　　　　C. 茶道　　　　　　D. 茶仪

27. 宋代豆子茶的主要成分是(　　)。

A. 玉米、小麦、葱、醋、茶　　　　　　B. 黄豆、芝麻、姜、盐、茶

C. 高粱、薄荷、葱、蜜、茶　　　　　　D. 花生、大米、橘、酒、茶

28. 宋徽宗赵佶写有一部茶书,名为(　　)。

A.《大观茶论》　　B.《品茗要录》　　C.《茶经》　　　　D.《茶谱》

29. 茶道精神是(　　)的核心。

A. 茶生产　　　　　B. 茶交易　　　　　C. 茶文化　　　　　D. 茶艺术

30. 品茗、营业、表演是(　　)的3种形态。

A. 游艺　　　　　　B. 文艺　　　　　　C. 画艺　　　　　　D. 茶艺

31. 茶艺是(　　)的基础。

A. 茶道　　　　　　B. 茶诗　　　　　　C. 茶文　　　　　　D. 茶歌

32. 茶树性喜温暖、湿润,通常气温在(　　)最适宜生长。

A. 10～18 ℃　　　B. 18～25 ℃　　　C. 25～30 ℃　　　D. 30～35 ℃

33. 绿茶的发酵度为0,故属于不发酵茶类。其茶叶颜色(　　),茶汤绿黄。

A. 黄绿　　　　　　B. 绿黄　　　　　　C. 翠绿　　　　　　D. 墨绿

34. 乌龙茶属青茶类,为半发酵茶,其茶叶呈深绿或青褐色,茶汤呈蜜绿或(　　)色。

A. 绿　　　　　　　B. 浅绿　　　　　　C. 黄绿　　　　　　D. 蜜黄

35. 红茶、绿茶、乌龙茶的香气主要特点是(　　)。

A. 红茶清香、绿茶甜香、乌龙茶香

B. 红茶甜香、绿茶花香、乌龙茶熟香

C. 红茶浓香、绿茶清香、乌龙茶香甜

D. 红茶香甜、绿茶板栗香、乌龙茶花香

36. 茶叶保存应注意温度的控制。温度平均每升高(　　),茶叶褐变速度将增加3～5倍。

A. 6 ℃　　　　　　B. 8 ℃　　　　　　C. 10 ℃　　　　　　D. 12 ℃

37. (　　)瓷器素有"薄如纸,白如玉,明如镜,声如磬"的美誉。

A. 福建德化　　　　B. 湖南长沙　　　　C. 浙江龙泉　　　　D. 江西景德镇

38. 浙江龙泉的(　　)以"造型古朴挺健、釉色翠青如玉"著称于世。

A. 青花瓷　　　　　B. 青瓷　　　　　　C. 白瓷　　　　　　D. 黑瓷

39. 当下列水中(　　)是称为硬水。

A. Pb^{2+}、Cu^{2+} 的含量大于 8 mg/L　　B. K^+、CL^- 的含量大于 8 mg/L

C. Ca^{2+}、Mg^{2+} 的含量大于 8 mg/L　　D. CO_2、Rn 的含量大于 8 mg/L

40. 下列(　　)是中国"五大名泉"之一。

A. 无锡惠山泉　　　　　　　　B. 杭州玉泉

C. 虎丘剑池 D. 庐山招隐泉

41.(   )是大众首选的自来水软化的方法。

A. 静置煮沸　　　B. 澄清过滤　　　C. 电解法　　　D. 渗透法

42. 红茶属于发酵茶类。其茶叶颜色深红,茶汤(   )。

A. 橙黄　　　　B. 橙红　　　　C. 黄绿　　　　D. 绿黄

43. 红茶的呈味物质——茶黄素是茶汤(   )的决定成分。

A. 刺激性和鲜爽度　　　　B. 浓醇和鲜爽度

C. 刺激性和醇厚度　　　　D. 刺激性和甘鲜度

44. 乌龙茶审评的杯碗规格,碗高(   ),容量 110 mL。

A. 60 mm　　　B. 55 mm　　　C. 45 mm　　　D. 50 mm

45. 茶叶保存应注意温度的控制,维生素 C 的氧化及(   ),茶红素的氧化聚合都和氧气有关。

A. 茶褐素　　　B. 茶黄素　　　C. 维生素　　　D. 茶色素

46.(   )5 大名窑分别是官窑、哥窑、汝窑、定窑、均窑。

A. 宋代　　　　B. 五代　　　　C. 元代　　　　D. 明代

47. 玻璃茶具的特点是(   ),光泽夺目,但易破碎、易烫手。

A. 导热性弱　　　　B. 容易收藏

C. 保温性强　　　　D. 质地透明

48. 不锈钢茶具外表光泽明亮,造型规整有现代感,具有(   )的特点。

A. 传热慢,不透气　　　　B. 传热慢,透气

C. 传热快,透气　　　　D. 传热快,不透气

49. 凡是含有较多(   )的水,称为硬水。

A. Ca^{2+}、Mg^{2+}　　　　B. Fe^{2+}、Fe^{3+}

C. Cu^{2+}、Al^{3+}　　　　D. Cl^-、SO_4^{2-}

50. 茶树性喜温暖、湿润,在南纬(   )与北纬 38°间都可以种植。

A. 50°　　　　B. 45°　　　　C. 40°　　　　D 38°

51. 审评红、绿、黄、白茶的审评杯碗规格,碗高(   )。

A. 54 mm　　　B. 56 mm　　　C. 58 mm　　　D. 60 mm

52. 要防止茶叶陈化变质,应避免存放时间太长,含水量过高,高温高湿和(   )。

A. 无光线　　　B. 灯光照射　　　C. 漫射光照射　　　D. 阳光直射

53. 鉴别真假茶,应了解茶叶的植物学特征,嫩枝茎应成(   )。

A. 扁形　　　　B. 半圆形　　　C. 圆柱形　　　D. 三角形

54. 引发茶叶变质的主要因素有(   )等。

A. CO_2　　　B. 氮气　　　C. 氧气　　　D. 氦气

55. 茶叶保存应注意光线照射,因为光线能促进植物色素或脂质的(   ),加速茶叶

变质。

    A. 分解   B. 化合

    C. 还原   D. 氧化

56. 青花瓷是在（　　）上缀以青色文饰,清丽恬静,既典雅又丰富。

    A. 白瓷   B. 青瓷   C. 金属   D. 竹木

57. 用经过氯化处理自来水泡茶,茶汤品质（　　）。

    A. 带金属味   B. 汤色加深   C. 香气变淡   D. 汤味变涩

58. （　　）值越小,溶液的酸碱度越小。

    A. Ph   B. pF   C. ppb   D. ppt

59. 雅志、敬客、行道是（　　）的 3 个主要社会功能。

    A. 瓷文化   B. 茶文化   C. 酒文化   D. 竹文化

60. 茶树扦插育苗繁殖后代的意义是能充分保持母株的（　　）。

    A. 高产和优质特性   B. 性状和特性

    C. 抗性和高产特性   D. 优质特性

61. 基本茶类分为不发酵的绿茶类及（　　）的黑茶类。

    A. 重发酵   B. 后发酵   C. 轻发酵   D. 全发酵

62. 防止茶叶陈化变质,应避免存放时间太长,水分含量过高,避免（　　）和阳光直射。

    A. 高温干燥   B. 低温干燥   C. 高温高湿   D. 低温低湿

63. 茶叶保存应注意光线照射,因为光线能促进植物（　　）的氧化,加速茶叶变质。

    A. 色素或蛋白质   B. 维生素或蛋白质

    C. 色素或脂质   D. 色素或维生素

64. 茶荷是用来从茶叶罐中（　　）的器具,并用于欣赏干茶的外形及茶香。

    A. 取茶渣   B. 均匀茶汤浓度   C. 盛取干茶   D. 清洁茶具

65. 凡是不含有（　　）的水,称为软水。

    A. CO^{2+}、Cr^{2+} B. Ca^{2+}、Mg^{2+} C. K^+、Cl^- D. pb^{2+}、Cu^{2+}

66. 古人对泡茶水温十分讲究,认为"水老",茶汤品质（　　）。

    A. 新鲜度下降   B. 新鲜度提高   C. 鲜爽味提高   D. 鲜爽味减弱

67. 茶树性喜温暖、（　　）,对纬度的要求是南纬45°与北纬38°之间都可以种植。

    A. 干燥   B. 潮湿   C. 水湿   D. 湿润

68. 茶树适宜在土质疏松、排水良好的微酸性土壤中生长,以酸碱度 Ph 值在（　　）为最佳。

    A. 6.5 ~ 7.5   B. 5.5 ~ 6.5   C. 4.5 ~ 5.5   D. 3.5 ~ 4.5

69. 审评红、绿、黄、白茶的审评杯碗规格,杯高（　　）。

    A. 73 mm   B. 75 mm   C. 70 mm   D. 68 mm

70. 鉴别真假茶,应了解茶叶的植物学特征,叶面侧脉伸展至离叶缘(　　)向上弯,连接上一条侧脉。

A.1/4 处　　　　　B.2/4 处　　　　　C.1/3 处　　　　　D.2/3 处

71. 茶叶保存应注意水分的控制,当其水分含量超过5%时,就会(　　)。

A. 增进品质　　　B. 提高香气　　　C. 加速变质　　　D. 促进物质转化

72. 下列(　　)井水,水质较差,不适宜泡茶。

A. 柳毅井　　　B. 文君井　　　C. 城内井　　　D. 薛涛井

73. 泡茶用水要求水的浑浊度不得超过(　　),不含肉眼可见悬浮微粒。

A.3°　　　　　B.5°　　　　　C.8°　　　　　D.10°

74. 在冲泡茶的基本程序中,温壶(杯)的目的是(　　)。

A. 主要是清洗茶具

B. 提高壶(杯)的温度,同时使茶具得到再次清洗

C. 将壶(杯)预热避免破碎

D. 主要起消毒杀菌的作用

75. 判断好茶的客观标准主要从茶叶外形的均整、(　　)、香气、净度来看。

A. 色泽　　　B. 滋味　　　C. 汤色　　　D. 叶底

76. 陆羽《茶经》指出:其水,用山水上,(　　)中,井水下,其山水,拣乳泉石池漫流者上。

A. 河水　　　　B. 溪水　　　　C. 泉水　　　　D. 江水

77. 在冲泡茶的基本程序中,煮水的环节讲究(　　)。

A. 不同茶叶品种所需水温不同　　　B. 不同茶叶外形煮水温度不同

C. 根据不同的茶具选择不同煮水器　　D. 不同的茶叶品种所需时间不同

78. 人们在日常生活中,从(　　)的上升是生理上的需要到精神上满足的上升。

A. 喝茶到品茶　　　　　　B. 以茶代酒

C. 将茶列为开门七件事之一　　　D. 喝茶到喝调味茶

79. 由于乌龙茶制作时间选用的是较成熟的芽叶做原料,属半发酵茶,冲泡时需要用(　　)的沸水。

A.70~80 ℃　　　B.90 ℃左右　　　C.95 ℃以上　　　D.80~90 ℃

80. 冲泡茶叶和品饮茶汤是茶艺形成式的重要表现部分,称为"行茶程序",共分为3个阶段:(　　)、操作阶段、完成阶段。

A. 备茶具阶段　　　B. 煮水阶段　　　C. 准备阶段　　　D. 迎宾阶段

81. 茶叶中的(　　)具有降血脂、降血糖、降血压的药理作用。

A. 氨基酸　　　B. 咖啡因　　　C. 茶多酚　　　D. 维生素

82. 按照国家卫生标准规定,(　　)中的六六六、滴滴涕残留量不得高于 0.05 mg/kg。

A. 平地茶   B. 高山茶

C. 有机茶   D. 绿色食品茶

83. 过量饮浓茶,会引起头痛、恶心、( )、烦躁等不良症状。

    A. 失眠   B. 糖尿病   C. 癌症   D. 高血压

84. 下列水中( )属于软水。

    A. Cu^{2+}、Al^{3+} 的含量小于 8 mg/L   B. Fe^{2+}、Fe^{3+} 的含量小于 8 mg/L

    C. Zn^{2+}、Mn^{4+} 的含量小于 8 mg/L   D. Ca^{2+}、Mg^{2+} 的含量小于 8 mg/L

85. 90 ℃左右水温比较适宜冲泡( )茶叶。

    A. 红茶   B. 龙井茶   C. 乌龙茶   D. 普洱茶

86. 要泡好一壶茶,需要掌握茶艺的( )要素。

    A. 7   B. 6   C. 5   D. 3

87. 判断好茶的客观标准主要从茶叶外形的匀整、色泽、( )、净度来看。

    A. 韵味   B. 叶底   C. 品种   D. 香气

88. 在茶艺演示冲泡茶叶过程中的基本程序是:备器、煮水、备茶、温壶(杯)、置茶、( )、奉茶、收具。

    A. 高水冲   B. 分茶   C. 冲泡   D. 淋茶

89. 冲泡绿茶时,通常一只容量为 100～150 mL 的玻璃杯,投茶量为( )。

    A. 1～2 g   B. 1～1.5 g   C. 2～3 g   D. 3～4 g

90. 茶点大致可以分为干果类、鲜果类、( )、西点类、中式点心 5 大类。

    A. 甜点类   B. 糖果类   C. 水果类   D. 小吃类

91. 茶叶中的水溶性维生素主要是( )族和 B 族维生素。

    A. C   B. H   C. E   D. D

92. 不同季节的茶叶中维生素的含量最高的是( )。

    A. 春茶   B. 暑茶   C. 秋茶   D. 冬片

93. 茶叶中的咖啡因不具有( )作用。

    A. 兴奋   B. 利尿   C. 调节体温   D. 抗衰老

94. 茶叶中的多酚类物质主要是由( )、黄酮类化合物、花青素和酚酸组成。

    A. 叶绿素   B. 茶黄素   C. 茶红素   D. 儿茶素

95. 《茶叶卫生标准》规定茶叶中( )的含量不能超过 0.2 mg/kg。

    A. DDT   B. 敌敌畏   C. 甲胺磷   D. 杀螟硫磷

96. 宾客进入茶艺室,茶艺师要笑脸相迎,并致亲切问候,通过( )和可亲的面容使宾客进门就感到心情舒畅。

    A. 轻松的音乐   B. 美好的语言

    C. 热情的握手   D. 严肃的礼节

97. 在下列选项中,( )不符合热情周到服务的要求。

A. 留意宾客细小的要求　　　　B. 婉言拒绝宾客赠送的小费

C. 宾客之间谈话时,要侧耳细听　D. 工作中不与其他服务员聊天

98. 95 ℃以上的水温适宜冲泡(　　)茶叶。

A. 玉绿茶　　　B. 普洱茶　　　C. 碧螺春　　　D. 龙井茶

99. 城市茶艺馆泡茶用水可选择(　　)。

A. 纯净水　　　B. 鱼塘水　　　C. 消防水　　　D. 自来水

100. 在冲泡茶的基本程序中,(　　)的主要目的是为了提高茶具的温度。

A. 将水烧沸　　B. 煮水　　　C. 用随手泡　　D. 温壶(杯)

101. 冲泡茶的过程中,在以下(　　)动作体现茶艺师借用形体动作传递对宾客的敬意。

A. 双手奉茶　　B. 高冲水　　　C. 温润泡　　　D. 浊壶

102. 按照标准的管理权限,下列(　　)标准属于行业标准。

A. 《紧压茶·康砖茶》　　　　B. 《紧压茶·紧茶》

C. 《黄山毛峰》　　　　　　　D. 《闽烘青绿茶》

103. 在县级以上地方主管监督《食品卫生法》的机构是(　　)。

A. 地方人民政府　　　　　　B. 当地的卫生行政部门

C. 上一级卫生行政部门　　　D. 卫生部

104. 冲泡茶的过程中,在以下(　　)动作是不规范的,不能体现茶艺师对宾客的敬意。

A. 用杯托双手将茶奉到宾客面前　B. 用托盘双手将茶奉到宾客面前

C. 双手平稳奉茶　　　　　　　　D. 奉茶时将茶汤溢出

105. 在各种茶叶的冲泡程序中,茶叶的用量、(　　)和茶叶的浸泡时间是冲泡技巧中的3个基本要素。

A. 壶温　　　　B. 水温　　　C. 水质　　　D. 水量

106. 由于舌头各部位的味蕾对不同滋味的感受不一样,在品茶汤滋味时,应(　　),才能充分感受茶中的甜、酸、鲜、苦、涩味。

A. 一口喝完　　　　　　　　B. 每口5 mL左右,分三口喝完

C. 在口中回旋翻滚　　　　　D. 趁热喝完

107. 科学饮茶的基本要求是(　　)。

A. 正确选择茶叶、正确冲泡方法和正确的品饮

B. 正确选择茶叶和正确冲泡方法

C. 正确冲泡方法和正确的品饮

D. 正确选择茶叶和正确的品饮

108. 下列(　　)标准是与茶叶关系密切的国家强制性标准。

A. GB 8321.1 农药合理使用准则(一)

B. SB/T 1067—93《祁门红茶》

C. Q/35LHC.001—95《茉莉花茶》

D. GB 11680—89《食品包装用原纸卫生标准》

109. 毛茶标准样是( )的质量标准。

　　A. 茶叶销售　　B. 加工验收　　C. 收购毛茶　　D. 成交计价

110. 关于劳动者权利表述错误的是( )。

　　A. 取得劳动报酬的权利　　　　　　B. 劳动者有权不服从工作安排

　　C. 享有平等就业和选择职业的权利　　D. 获得劳动安全卫生保护的权利

111. 经营单位取得"卫生许可证"应向( )申请登记,办理营业执照。

　　A. 工商税务局　　　　　　　　B. 商标事务所

　　C. 卫生防疫站　　　　　　　　D. 工商行政管理部门

112. 茶艺师可以用关切的询问、征求的态度、( )和有针对性的回答等方式来加深与宾客的交流和理解,有效地提高茶艺馆的服务质量。

　　A. 简捷的提问　　B. 郑重的语气　　C. 提议的问话　　D. 礼节性的握手

113. 茶艺师与宾客道别时,可通过巧妙利用一些特别的情景,加上特别的问候,让人倍感温馨,使人留下深刻而美好的印象。如果顾客购买了一些名茶准备节日消费,可说( )。

　　A. 祝您节日快乐　B. 祝您旅途平安　C. 祝您健康幸福　D. 祝您生活美好

114. 构成礼仪最基本的 3 大要素是( )。

　　A. 语言、行为表情、服饰　　　　B. 礼节、礼貌、礼服

　　C. 待人、接物、处事　　　　　　D. 思想、行为、表现

115. 摩洛哥人酷爱饮茶,( )是摩洛哥人社交活动中必备的饮料。

　　A. 调味冰茶　　B. 甜味绿茶　　C. 柠檬红茶　　D. 咸味奶茶

116. 藏族喝茶有一定的礼节、三杯后当宾客将添满的茶汤一饮而尽时,茶艺师就( )。

　　A. 继续添茶　　B. 不再添茶　　C. 可以离开　　D. 准备送客

117. 接待蒙古宾客,敬茶时当客人将手平伸,在杯口盖一下,这表明( )。

　　A. 茶汤好喝　　B. 不再喝了　　C. 想继续喝　　D. 稍停再喝

118. 为( )宾客服务时要注意斟茶不能过满,奉茶时要用双手。

　　A. 壮族　　　　B. 苗族　　　　C. 白族　　　　D. 藏族

119. 按照标准的管理权限,下列( )标准属于国家标准。

　　A.《屯炒青绿茶》　　　　　　B.《紧压茶·沱茶》

　　C.《祁门工夫红茶》　　　　　D.《闽烘青绿茶》

120. 贸易标准样是茶叶对外贸易中( )和货物交接验收的实物依据。

　　A. 毛茶收购　　B. 成交计价　　C. 交接验收　　D. 检验产品

121. 消费者和经营者发生权益纠纷时可以与经营者协商和解、可以请求消费者协会调解、可以向有关行政部门申诉、(   ),可向人民法院提起诉讼。

    A. 与消费者多方解释、采用赠送、打折等方式解决

    B. 消费者索取赔偿

    C. 可以提请仲裁机构仲裁

    D. 经营方为避免争执,做出退让并给予免单

122. 茶艺师与宾客交谈过程中,在双方意见各不相同的情况下,(   )表达自己的不同看法。

    A. 可以婉转   B. 可以坦率   C. 不可以   D. 可以公开

123. 茶艺师可以用关切的询问、征求的态度、提议的问话和(   )来加深和宾客的交流与理解,有效地提高茶艺馆的服务质量。

    A. 直接的回答   B. 郑重的回答

    C. 简捷的回答   D. 有针对性的回答

124. 下列选项中,(   )不属于礼仪的最基本要素。

    A. 语言   B. 行为表情   C. 服饰   D. 道德

125. 日本人和韩国人讲究饮茶,注重饮茶礼法,茶艺师为其服务时应注意(   )。

    A. 茶水比例   B. 用水选择   C. 泡茶规范   D. 茶叶用量

126. 土耳其人喜欢(   ),饮茶是土耳其一道颇具特色的生活景观。

    A. 加香红茶   B. 草莓红茶   C. 苹果红茶   D. 加糖红茶

127. 茶艺师与宾客交谈时,应(   )。

    A. 保持与对方交流,随时插话   B. 尽可能多地与宾客聊天交谈

    C. 在听顾客说话时,随时作出一些反应   D. 对宾客礼貌,避免目光正视对方

128. (   )饮茶,大多推崇纯茶清饮,茶艺师可根据宾客所点的茶品,采用不同方法沏茶。

    A. 汉族   B. 苗族   C. 白族   D. 侗族

129. 为维吾尔族宾客服务时,尽量当宾客的面冲杯子,端茶时不要用(   )。

    A. 右手   B. 左手   C. 单手   D. 双手

130. 茶艺师在为信奉佛教宾客服务时,可行(   )礼,以示敬意。

    A. 拱手礼   B. 合十礼   C. 拥抱礼   D. 扪胸礼

131. 茶艺师为VIP宾客服务,每天都要了解VIP宾客的(   )。

    A. 预定节目   B. 预定情况   C. 接待动向   D. 工作情况

132. 在为VIP宾客提供服务时,茶具应(   ),并提前20 min将茶品、茶具摆好。

    A. 可先冲洗   B. 精心挑选

    C. 当面消毒   D. 选用名贵茶具

133. 乌龙茶类中(   ),叶底不显绿叶红镶边。

A.武夷水仙　　　B.闽南青茶　　　C.白毫乌龙　　　D.凤凰单枞

134.黄茶按鲜叶老嫩不同,分为(　　　)3大类。

　　A.蒙顶茶、黄大茶、太平猴魁　　　　B.信阳毛尖、黄大茶、洞庭茶

　　C.黄金桂、黄小茶、都匀毛尖　　　　D.黄芽茶、黄小茶、黄大茶

135.在为宾客引路指示方向时,下列举止不妥当的是(　　　)。

　　A.眼睛看着目标方向,并兼顾宾客　　B.指向目标方向

　　C.面带微笑,语气温和　　　　　　　D.手指明确指向目标方向

136.在服务接待过程中,不能使用(　　　)目光,因它给人以目中无人、骄傲自大的感觉。

　　A.向上　　　　　B.正视　　　　　C.俯视　　　　　D.扫视

137.根据俄罗斯人对茶饮爱好的特点,茶艺师在服务中可向他们推荐一些(　　　)茶点。

　　A.花生酪　　　B.牛肉干　　　C.咸橄榄　　　D.萝卜干

138.巴基斯坦人饮茶普遍爱好(　　　),而西北部流行饮(　　　)。

　　A.牛奶绿茶、柠檬红茶　　　　　　B.冰茶、薄荷绿茶

　　C.甜味绿茶、牛奶红茶　　　　　　D.牛奶红茶、甜绿茶

139.接待身体残疾的宾客时,应(　　　)。

　　A.尽可能将其安排在离出、入口较近位置,便于其出入

　　B.安排在窗前

　　C.尽可能安排在光线好的位置

　　D.安排在适当位置,遮掩其缺陷

140.6大类成品茶的分类依据是(　　　)。

　　A.茶树品种　　　B.生长地带　　　C.采摘季度　　　D.加工工艺

141.炒青、烘青、晒青是(　　　)按干燥方式不同划分的3个种类。

　　A.绿茶　　　　　B.红茶　　　　　C.青茶　　　　　D.白茶

142.在服务接待过程中,目光应(　　　)。

　　A.直视宾客双眼　　　　　　　　　B.避免与宾客正视

　　C.正视对方的眼鼻三角区　　　　　D.视对方额部以上

143.接待印度、尼泊尔宾客时,茶艺师应施(　　　)礼。

　　A.拱手礼　　　B.拥抱礼　　　C.合十礼　　　D.扪胸礼

144.接待(　　　)宾客,敬茶时应用右手提供服务。

　　A.韩国　　　　B.美国　　　　C.法国　　　　D.印度

145.(　　　)多数人爱饮加糖和奶的红茶,也酷爱冰茶。

　　A.韩国人　　　B.埃及人　　　C.美国人　　　D.德国人

146.接待蒙古族宾客,敬茶时应用(　　　),以示尊重。

A. 右手　　　　B. 左手　　　　C. 单手　　　　D. 双手

147. (　　)为表示对客人的敬重,对尊贵宾客要斟茶三道,俗称"三道茶"。

A. 傣族　　　　B. 侗族　　　　C. 苗族　　　　D. 白族

148. 茶艺师为VIP宾客服务,每天都要了解VIP宾客的(　　)。

A. 预定节目　　B. 预定情况　　C. 接待动向　　D. 工作情况

149. 在为VIP宾客提供服务时应提前(　　)将茶品、茶食、茶具摆好,确保茶食的新鲜、洁净、卫生。

A. 3 min　　　B. 5 min　　　C. 10 min　　　D. 20 min

150. 6大类成品的分类依据是(　　)。

A. 茶叶鲜叶原料加工　　　　B. 茶树品种

C. 茶树产地　　　　　　　　D. 发酵时间

151. 出现焚香的历史年代是(　　)。

A. 秦汉　　　　B. 唐宋　　　　C. 元明　　　　D. 明清

152. 茶艺表演时音乐的作用是(　　)。

A. 营造意境　　B. 热闹气氛　　C. 渲染情感　　D. 张扬技艺

153. (　　)是最能反映月下美景的古典名曲。

A.《阳关三叠》　　　　　　　B.《潇湘水云》

C.《空山鸟语》　　　　　　　D.《彩云追月》

154. 不符合茶艺表演者发型要求的是(　　)。

A. 短发　　　　B. 马尾辫　　　C. 长发披肩　　D. 寸头

155. 鲜爽、醇厚、鲜浓是评茶术语中关于(　　)的褒义术语。

A. 香气　　　　B. 滋味　　　　C. 外形　　　　D. 嫩度

156. 茶叶与茶具的配合是(　　)的关键。

A. 茶艺表演台布置　　　　　B. 茶艺表演者发挥

C. 茶艺表演创造氛围　　　　D. 茶艺表演成败

157. 在唐代(　　)已经形成系统。

A. 饮茶　　　　B. 喝酒　　　　C. 说书　　　　D. 斗茶

158. 音乐是我国古代(　　)的必修课。

A. 文化人　　　B. 经商人　　　C. 为官人　　　D. 务农人

159. 最适合茶艺表演的音乐是(　　)。

A. 通俗音乐　　　　　　　　B. 世界流行音乐

C. 中国古典音乐　　　　　　D. 外国摇滚音乐

160. 福建、广东、台湾主要生产制作的茶类是(　　)。

A. 绿茶　　　　B. 乌龙茶　　　C. 黄茶　　　　D. 红茶

161. (　　)按鲜叶原料的茶树品种分为大白和小白两大类。

A. 绿茶　　　　B. 白茶　　　　C. 茉莉花茶　　　D. 珠兰花茶

162. 上色不同不属于(　　)的区别。

　　A. 土陶怀釉陶　　B. 陶器与瓷器　　C. 白瓷与青瓷　　D. 釉陶与紫砂陶

163. 琴、棋、书、画是我国古代(　　)修身的四课内容。

　　A. 儒家　　　　B. 道家　　　　C. 隐居者　　　　D. 士大夫

164. 《幽谷清风》是反映(　　)的古典名曲。

　　A. 月下美景　　B. 思念之情　　C. 山水之音　　D. 旷野苍茫

165. 下列(　　)是拟禽鸟之声的古典名曲。

　　A. 《彩云追月》　B. 《空山鸟语》　C. 《阳光三叠》　D. 《幽谷清风》

166. 茶艺表演者着装应具有(　　)特色。

　　A. 民族　　　　B. 地方　　　　C. 家乡　　　　D. 现代

167. (　　)是焚香散发香气方式之一。

　　A. 与煤同烧　　　　　　　　B. 加油燃烧

　　C. 与柴合烧　　　　　　　　D. 自然散发

168. (　　)是最能反映山中美景的古典名曲。

　　A. 《阳关三叠》　B. 《潇湘水云》　C. 《空山鸟语》　D. 《彩云追月》

169. 《空山鸟语》是拟(　　)的古典名曲。

　　A. 山间流水　　B. 禽鸟之声　　C. 林间蝉噪　　D. 田野蛙鸣

170. 不适合录制品茶时播放的大自然之声是(　　)。

　　A. 风吹竹枝　　B. 秋虫鸣唱　　C. 暴雨雷鸣　　D. 万鸟啁啾

171. 茶艺表演者的服饰要与(　　)相配套。

　　A. 表演场所　　B. 观看对象　　C. 茶叶品质　　D. 茶艺内容

172. 舒城小兰花干茶色泽属于(　　)。

　　A. 金黄型　　　B. 橙黄型　　　C. 黄绿型　　　D. 银白型

173. 阅面、赏花、焚香与品茗是古代(　　)的系统。

　　A. 参禅　　　　B. 茶艺　　　　C. 插花　　　　D. 养身

174. 在唐朝已出现将(　　)整合的娱乐活动。

　　A. 赋诗、作文、习字、品茗　　　　B. 挂画、插花、焚香、品茗

　　C. 游历、讲学、论道、著书　　　　D. 下棋、对诗、吟唱、饮酒

175. 茶艺表演时(　　)的作用是营造艺境。

　　A. 茶叶　　　　B. 香品　　　　C. 香炉　　　　D. 音乐

176. 茶室插花一般(　　)。

　　A. 简约朴实　　B. 热烈奔放　　C. 花繁叶茂　　D. 摆设在高处

177. 品茗赏花插的花称为(　　)。

　　A. 斋花　　　　B. 室花　　　　C. 茶花　　　　D. 轩花

178. 香草、沉香木是制作(　　)的主要原料。

　　A. 燃烧香品　　　B. 熏炙香品　　　C. 自然散发香品　D. 树脂性香品

179. 香品原料主要分为(　　)3类。

　　A. 天然性、植物性、动物性　　　　B. 植物性、动物性、合成性

　　C. 原生性、植物性、合成性　　　　D. 矿物性、动物性、植物性

180. 品茗焚香时,香不能紧挨着(　　)。

　　A. 茶叶　　　　B. 鲜花　　　　　C. 烧炉　　　　　D. 茶壶

181. 80 ℃左右的水温适宜泡(　　)。

　　A. 白鸡冠　　　B. 龙井茶　　　　C. 铁观音　　　　D. 普洱茶

182. 女性茶艺表演者如有条件可以(　　),可平添不少风韵。

　　A. 佩带十字架　　　　　　　　　　B. 戴条金手链

　　C. 戴一只玉镯　　　　　　　　　　D. 戴一双手套

183. 下列选项中,(　　)是茶室插花的目的。

　　A. 烘托品茗环境　　　　　　　　　B. 寓意主题

　　C. 为茶室增添色彩　　　　　　　　D. 表达心情

184. 熏炙香品的主要原料是(　　)。

　　A. 柏木　　　　B. 槐木　　　　　C. 银杏　　　　　D. 龙脑

185. 明代以后,茶挂中内容主要含义有(　　)。

　　A. 季节、茶品、价码　　　　　　　B. 季节、时间、客人

　　C. 工艺、茶类、用水　　　　　　　D. 茶类、茶具、客人

186. (　　)茶艺的表演程序共为12道。

　　A. 桂花茶艺　　　　　　　　　　　B. 毛尖茶艺

　　C. 龙井茶艺　　　　　　　　　　　D. 婺绿茶艺

187. 龙井茶冲泡中,(　　)的作用是预防烫伤茶芽。

　　A. 烫杯　　　　B. 温润泡　　　　C. 凉汤　　　　　D. 浸润

188. 品茗焚香时使用的最佳香具是(　　)。

　　A. 蒢篓　　　　B. 木桶　　　　　C. 香炉　　　　　D. 竹筒

189. (　　)茶艺所用的茶杯为玻璃杯。

　　A. 龙井茶　　　B. 乌龙茶　　　　C. 黄大茶　　　　D. 普洱茶

190. 龙井茶艺的(　　)是寓意向嘉宾三致意。

　　A. 金狮三呈祥　　　　　　　　　　B. 祥龙三叩首

　　C. 凤凰三点头　　　　　　　　　　D. 孔雀三清声

191. "色绿、形美、香郁、味醇"是(　　)茶的品质特征。

　　A. 信阳毛尖　　B. 君山银针　　　C. 龙井　　　　　D. 奇兰

192. (　　)的程序共为7道。

　　A. 安溪茶艺　　　　　　　　　　B. 武夷茶艺

　　C. 宁红太子茶艺　　　　　　　　D. 西湖龙井茶艺

193. 孔雀开屏是宁红太子茶艺(　　)的摆设形状。

　　A. 茶杯　　　　　B. 茶具　　　　　C. 表演台　　　　D. 客座位

194. 玉泉催花是宁红太子茶艺(　　)的雅称。

　　A. 洗器　　　　　B. 献茶　　　　　C. 烧水　　　　　D. 筛水

195. 下列选项中,(　　)不符合茶室插花的一般要求。

　　A. 以鉴赏为主,摆设位置应较低　　B. 用平实技法,进行自由型插花

　　C. 以取素色半开,枝叶取单支为好　　D. 一花一叶过于单调,以花枝繁茂为佳

196. 焚香散发香气有(　　)、燃烧、自然散发3种方式。

　　A. 熏炙　　　　　B. 碾碎　　　　　C. 浸渍　　　　　D. 舂末

197. 香油、香花是(　　)的香品。

　　A. 自然散发　　　B. 燃烧散发　　　C. 熏炙散发　　　D. 烤焙散发

198. 宁红太子茶艺的程序共有(　　)。

　　A. 7道　　　　　B. 16道　　　　　C. 12道　　　　　D. 10道

199. 宁红太子茶艺第七道将水质、茶质喻为(　　)。

　　A. 石乳　　　　　B. 兰芷　　　　　C. 河山　　　　　D. 江山

200. (　　)不是近代作曲家为品茶而谱写的音乐。

　　A.《香飘水云间》　　　　　　　　B.《清香满山月》

　　C.《茉莉花》　　　　　　　　　　D.《竹秦乐》

201. 茶艺表演者的服饰要与(　　)相配套。

　　A. 表演场所　　　B. 观看对象　　　C. 茶叶品质　　　D. 茶艺内容

202. 茶艺表演者的发型不可与(　　)相冲突。

　　A. 表演的内容　　B. 茶具的摆设　　C. 播放的音乐　　D. 茶叶的种类

203. 龙脑是制作(　　)的主要原料。

　　A. 燃烧香品　　　B. 熏炙香品　　　C. 线香　　　　　D. 盘香

204. 明代以后,茶馆(室)的茶挂主要是(　　)。

　　A. 书法字轴　　　B. 国画图轴　　　C. 刺绣挂画　　　D. 木刻版画

205. 龙井茶艺的表演程序共为(　　)道。

　　A. 14　　　　　　B. 12　　　　　　C. 10　　　　　　D. 7

206. 净杯时,要求将水均匀地从茶杯洗过,而且无处不到,宁红太子茶艺将这种洗法称为(　　)。

　　A. 洗尘净杯　　　B. 热壶烫杯　　　C. 春风拂面　　　D. 流云拂月

207. 安溪乌龙茶艺使用的(　　)的制作原料是竹。

　　A. 茶盘、茶罐、茶船、茶荷　　　　B. 茶匙、茶斗、茶夹、茶通

C. 茶盘、茶杯、茶针、水盂　　　　　　D. 茶箸、茶托、漏斗、茶通

208. 炉、壶、佤杯、托盘被称为( )。

　　A. 文房四宝　　　　　　　　　　B. 画室四宝

　　C. 茶室四宝　　　　　　　　　　D. 禅室四宝

209. 安溪乌龙茶艺的( )相似于传统程序关公巡城。

　　A. 点水流香　　　　　　　　　　B. 观音出海

　　C. 春风拂面　　　　　　　　　　D. 行云流水

210. 茉莉花茶艺使用的( )是三才杯。

　　A. 看汤杯　　　B. 鉴叶杯　　　C. 品茶杯　　　D. 闻香杯

211. ( )茶艺的程序共有 10 道。

　　A. 茉莉花茶　　　　　　　　　　B. 安溪乌龙茶

　　C. 宁红太子茶　　　　　　　　　D. 白族三道茶

212. 茉莉花茶艺( )的方法称为鼻品。

　　A. 看形　　　B. 观汤　　　C. 闻香　　　D. 品味

213. 茉莉花茶艺品茶是指三品花茶的最后一品,称为( )。

　　A. 舌品　　　B. 喉品　　　C. 口品　　　D. 鼻品

214. 唐代诗人卢仝作有一首著名茶诗是( )。

　　A.《谢尚书惠蜡面茶》　　　　　B.《走笔谢孟谏议寄新茶》

　　C.《喜得建茶》　　　　　　　　　D.《谢人惠茶》

215. 清饮法是以沸水直接冲泡叶茶,清饮茶汤,品尝茶叶( )。

　　A. 真香本味　　　　　　　　　　B. 原汁原味

　　C. 明亮汤色　　　　　　　　　　D. 绚丽"茶舞"

216. 下列( )不属于调饮法饮茶方式。

　　A. 茶汤中添水　　　　　　　　　B. 茶汤中加酒

　　C. 茶汤中加糖　　　　　　　　　D. 茶汤中加果汁

217. 乌龙茶艺持杯方法喻为( )。

　　A. 仙女卸妆　　　　　　　　　　B. 云腴献主

　　C. 三龙护鼎　　　　　　　　　　D. 观音捧玉瓶

218. 茉莉花茶艺使用的( )是白瓷壶。

　　A. 烧水壶　　　B. 贮水壶　　　C. 冲水壶　　　D. 提水壶

219. 冲泡茉莉花茶的适宜水温是( )。

　　A. 90 ℃左右　　　　　　　　　　B. 80 ℃左右

　　C. 95 ℃左右　　　　　　　　　　D. 85 ℃左右

220. 茉莉花茶艺( )的顺序是从右到左。

　　A. 就座　　　B. 敬茶　　　C. 送茶点　　　D. 递手巾

221.“茶味人生细品悟”喻指茉莉花茶艺的(　　　)。

    A. 回味   B. 赏茶   C. 论茶   D. 鉴茶

222.“香气馥郁,滋味醇厚回甜,具有独特的清香,茶性温和,有较好的药理作用。”是(　　　)的品质特点。

    A. 安溪铁观音   B. 云南普洱茶

    C. 祁门红茶   D. 太平猴魁

223.(　　　)茶艺的程序共为16道。

    A. 梅花三弄   B. 茉莉花茶

    C. 白族三道茶   D. 安溪乌龙茶

224.安溪乌龙茶艺一般选择(　　　)音乐。

    A. 南音名曲   B. 三泉飞瀑

    C. 松涛海浪   D. 空山鸟语

225.(　　　)茶艺的程序共有10道。

    A. 茉莉花茶   B. 安溪乌龙茶   C. 宁红太子茶   D. 白族三道茶

226.茉莉花茶艺的烫杯喻为(　　　)。

    A. 却嫌脂粉污颜面   B. 一片冰心在玉壶

    C. 蓝田日暖玉生烟   D. 春江水暖鸭先知

227.茉莉花茶艺闻香的方法称为(　　　)。

    A. 鼻品   B. 口品

    C. 舌品   D. 喉品

228.西湖龙井外形的品质特点是(　　　)。

    A. 外形扁平光滑,形如“碗钉”

    B. 条索纤细、卷曲成螺、茸毛披露

    C. 外形细、圆紧、直、光、多白毫

    D. 外形匀整,条索紧结,色泽灰绿光润

229.“两叶抱一芽,平扁挺直不散、不翘、不曲,全身白毫,含而不露。”是(　　　)的品质特点。

    A. 太平猴魁   B. 祁门红茶

    C. 安溪铁观音   D. 云南普洱茶

230.安溪乌龙茶茶艺(　　　)时使用的主茶具是白瓷盖瓯。

    A. 喝茶   B. 泡茶   C. 闻香   D. 尝味

231.“茶室四宝”是指(　　　)。

    A. 杯、盏、泡壶、炭炉   B. 炉、壶、瓯杯、托盘

    C. 炉、壶、圆桌、木凳   D. 杯、盏、托盘、炭炉

232.乌龙茶艺(　　　)意指刮沫。

A. 热壶烫杯　　　B. 重洗仙颜　　　C. 春风拂面　　　D. 点水流香

233. 皖南屯绿外形的品质特点是(　　)。

A. 外形扁平光滑,形如"碗钉"

B. 条索纤细、卷曲成螺、茸毛披露

C. 外形细、圆紧、直、光、多白毫

D. 外形匀整,条索紧结,色泽灰绿光润

234. "条索粗壮肥大,色泽乌润或褐红"是(　　)的品质特点。

A. 太平猴魁　　　B. 祁门红茶　　　C. 安溪铁观音　　　D. 云南普洱茶

235. 外形紧结端正,呈碗形,色泽乌润,外观显毫是(　　)的品质特点。

A. 云南沱茶　　　B. 金银花茶　　　C. 滇红工夫红茶　　　D. 云南普洱茶

236. 安溪乌龙茶茶艺在泡茶时使用的主茶具是(　　)。

A. 紫砂壶　　　B. 陶土壶　　　C. 紫砂盖瓯　　　D. 白瓷盖瓯

237. 安溪乌龙茶艺的(　　)相似于传统程序关公巡城。

A. 点水流香　　　B. 观音出海　　　C. 春风拂面　　　D. 行云流水

238. 拌花茶是属于调饮法的(　　)类型。

A. 食物型　　　B. 加香型　　　C. 加入型　　　D. 旁置型

239. 信阳毛尖内质特点是(　　)。

A. 汤色碧绿、滋味甘醇鲜爽

B. 清香幽雅、浓郁甘醇、鲜爽甜润

C. 内质清香、汤绿味浓

D. 香高馥郁、味浓醇和、汤色清澈明亮

240. 皖南屯绿内质的品质特点是(　　)。

A. 汤色碧绿、滋味甘醇鲜爽

B. 清香幽雅、浓郁甘醇、鲜爽甜润

C. 内质清香、汤绿味浓

D. 香高馥郁、味浓醇和、汤色清澈明亮

241. 陆羽泉水清味甘,陆羽以自凿泉水,烹自种之茶。在唐代被誉为(　　)。

A. 天下第一泉　　　B. 天下第二泉　　　C. 天下第三泉　　　D. 天下第四泉

242. 泡茶时,先注入沸水1/3后放入茶叶,泡一定时间再注满水,称为(　　)。

A. 点茶法　　　B. 上投法　　　C. 下投法　　　D. 中投法

243. 碧螺春冲泡置茶一般采用(　　)。

A. 上投法　　　B. 中投法　　　C. 下投法　　　D. 点茶法

244. 品饮(　　)时,茶水的比例以1∶20为宜。

A. 花茶　　　B. 红茶　　　C. 铁观音　　　D. 紧压茶

245. 新茶的主要特点是(　　)。

A.条索紧结　　　B.滋味醇和　　　C.香气清鲜　　　D.叶质柔软

246.茶叶"干"是指茶叶含水量低于(　　),保鲜性能好。

A.3%　　　　　B.5%　　　　　C.6%　　　　　D.7%

247."芽头肥壮,紧实挺直,芽身金黄,满披白毫。"是(　　)的品质特点。

A.黄山毛峰　　　　　　　　B.六安瓜片

C.君山银针　　　　　　　　D.滇红工夫红茶

248.汤色清澈,馥郁清香,醇爽回甜是(　　)的品质特点。

A.云南普洱茶　　　　　　　B.滇红工夫红茶

C.云南沱茶　　　　　　　　D.金银花茶

249.烹茗井在灵隐山,(　　)曾经用它煮饮茶汤,因此而得名。

A.白居易　　　B.许次纾　　　C.徐霞客　　　D.顾元庆

250.苏东坡诗中提到陆羽遗却的一道泉是指(　　)。

A.紫薇泉　　　B.鸣弦泉　　　C.招隐泉　　　D.安平泉

251.品饮铁观音乌龙茶时,茶水的比例以(　　)为宜。

A.1∶10　　　B.1∶20　　　C.1∶50　　　D.1∶80

252.初次饮茶者喜欢(　　),茶水比要小。

A.清香　　　　B.醇和　　　　C.淡茶　　　　D.浓茶

253.下列(　　)夹杂物直接影响茶叶的卫生。

A.沙泥　　　　B.茶朴　　　　C.茶籽　　　　D.茶梗

254.脑力劳动者崇尚雅致的(　　)泡茶,细品缓啜。

A.茶杯　　　　B.茶盅　　　　C.茶碗　　　　D.茶壶

255.根据茶具的质地和性能,冲泡名优绿茶宜春选配下列(　　)茶具。

A.紫砂茶具泡茶无熟汤味,又可保香也不易变质发馊

B.玻璃茶具透明度高,泡茶茶姿汤色历历在目,增加情趣。

C.搪瓷茶具,具有坚固耐用、携带方便等优点。

D.保暖茶具会因泡熟而使茶汤泛红,香气低沉,失去鲜爽味。

256.清香高长,汤色清澈,滋味鲜浓、醇厚、甘甜,叶底嫩黄肥壮成朵是(　　)的品质特点。

A.六安瓜片　　　　　　　　B.君山银针

C.黄山毛峰　　　　　　　　D.滇红工夫红茶

257.汤色艳亮,香气鲜郁高长,滋味浓厚鲜爽,富有刺激性,叶底红匀嫩亮是(　　)的品质特点。

A.六安瓜片　　　　　　　　B.君山银针

C.黄山毛峰　　　　　　　　D.滇红工夫红茶

258.下列(　　)被陆羽评为"天下第一泉"。

A. 湖北娣归县香溪泉　　　　　　B. 庐山栖贤寺招隐泉

C. 四川峨眉山玉液泉　　　　　　D. 庐山康王谷谷帘泉

259. 相传苏东坡非常喜欢杭州(　　)的泉水,每天派人打水,又怕人偷懒将水掉包,特意用竹子制了标记,交给寺里僧人作为取水的凭证,后人称之为"调水符"。

A. 茯苓泉　　　B. 观音泉　　　C. 甘露泉　　　D. 玉女泉

260. 泡茶时,先放茶叶,后注入沸水,称为(　　)。

A. 上投法　　　B. 中投法　　　C. 下投法　　　D. 点茶法

261. 茶叶(　　)是衡量茶叶采摘和加工优劣的重要参考依据。

A. 新　　　B. 匀　　　C. 净　　　D. 纯

262. 香气清雅,滋味甘醇,汤色黄亮悦目,保持了金银花固有的外形和内涵是(　　)的品质特点。

A. 滇红工夫红茶　B. 云南普洱茶　C. 云南沱茶　　D. 金银花茶

263. 神泉的水无色透明,无悬浮物,其味颇似汽水,用以(　　)有既不用发酵,也不必用碱中和的奇特功效。

A. 制造汽酒　　　　　　　　　B. 烹煮泡茶

C. 加工面条　　　　　　　　　D. 和面烙饼、蒸馒头

264. 窨花茶一般都具有(　　)。

A. 头泡香气低沉　B. 浓郁纯正香气　C. 有茶味无花香　D. 有花干无花香

265. 根据茶具的质地和性能,车间、工地、田间甚至出差旅游宜选配下列(　　)茶具。

A. 紫砂茶具泡茶无熟汤味,又可保香也不易变质发馊

B. 玻璃茶具透明度高,泡茶茶姿汤色历历在目,增加情趣

C. 搪瓷茶具,具有坚固耐用、携带方便等优点

D. 保暖茶具会因泡熟而使茶汤泛红,香气低沉,失去鲜爽味

266. 西湖龙井茶内质的品质特点是(　　)。

A. 汤色碧绿、滋味甘醇鲜爽　　　　B. 清香幽雅、浓郁甘醇、鲜爽甜润

C. 内质清香,汤绿味浓　　　　　　D. 香高馥郁,味浓醇和,汤色清澈明亮

267. 内质清香、汤绿叶浓是(　　)的品质特点。

A. 信阳毛尖　　　　　　　　　B. 西湖龙井

C. 皖南屯绿　　　　　　　　　D. 洞庭碧螺春

268. 祁门工夫红茶内质的品质特点是(　　)。

A. 茶汤青绿明亮,滋味鲜醇回甘;头泡香高,二泡味浓,三四泡幽香犹存

B. 香气浓郁,具"玫瑰香",汤色红艳鲜亮具"金圈",品质超群,被誉为"群芳最"

C. 香气馥郁持久,汤色金黄,滋味醇厚甘鲜,入口回甘带蜜味

D. 香气馥郁,滋味醇厚回甜,具有独特的清香;茶性温和,有较好的药理作用

269. "香气馥郁持久,汤色金黄,滋味醇厚甘鲜,入口回甘带蜜味"是( )的品质特点。

    A. 安溪铁观音　　B. 云南普洱茶　　C. 祁门红茶　　　　D. 太平猴魁

270. 形似雀舌,匀齐壮实,锋显毫露,色如象牙,鱼叶金黄是( )的品质特点。

    A. 黄山毛峰　　　　　　　　B. 六安瓜片

    C. 君山银针　　　　　　　　D. 滇红工夫红茶

二、判断题(将判断结果填入括号中。正确的填"√",错误的填"×"。每题1分)

271. ( )遵守职业道德的必要性和作用,体现在促进个人道德修养的提高,与促进行风建设无关。

272. ( )茶艺职业道德的基本准则,应包含这几方面主要内容:遵守职业道德原则,热爱茶艺工作,不断提高服务质量等。

273. ( )红茶类属全发酵茶类,其茶叶颜色深红,茶汤呈朱红色。

274. ( )红茶的呈味物质构成,茶黄素对茶汤起刺激性作用,茶红素起浓度和醇度作用,而茶褐素是茶汤发暗,不利于品质。

275. ( )广彩的特色是在瓷器上施金加彩,宛如千丝万缕的金丝彩线交织,显示金碧辉煌、雍容华贵的气度。

276. ( )茶船是用来中和茶汤,使之浓淡均匀的。

277. ( )贸易标准样是对贸易成交计价和货物交接的实物依据。

278. ( )在《劳动法》中对劳动者最基本的素质要求是执行劳动安全卫生规程。

279. ( )在为宾客引路指示方向时,应用手明确指向,面带微笑,眼睛看着目标,并兼顾宾客是否意会到目标。

280. ( )接待印度、尼泊尔宾客时,茶艺师应用握手礼迎接宾客。

281. ( )俄罗斯人喜欢纯茶清饮,茶艺师在服务中可推荐一些素食茶点。

282. ( )巴基斯坦西北地区流行饮绿茶,多数会在茶汤中加糖。

283. ( )乌龙茶中白毫乌龙叶底不显绿叶红镶边。

284. ( )洞庭碧螺春滋味型是属于鲜醇型。

285. ( )黄茶按鲜叶老嫩不同,分为蒙顶茶、黄大茶、太平猴魁3大类。

286. ( )宁红太子茶艺,茶具的摆设形状是"品"字形。

287. ( )"流云拂月"是指将茶汤均匀地勘入茶杯。

288. ( )调饮法中,按茶叶佐料食用方式可分为食物型和加香型。

289. ( )闽、粤、台地区流行的"姜茶饮方"是用生姜、葱和茶调配,用水煎熬的调饮茶。

290. ( )太平猴魁外形特点是条索粗壮肥大,色泽乌润或褐红。

291. （　）茶艺服务中的文明用语指通过语气、表情、声调等与品茶客人交流时，要语气平和、态度和蔼、热情友好。

292. （　）狭义茶文化的含义是茶的物质财富。

293. （　）茶树扦插繁殖后代，能充分保持母株高产和抗性的特性。

294. （　）紫砂壶具有泡茶不失原味，色香味皆韵，茶叶不易霉馊变质，泥色多变，耐人寻味，壶经久用，具有光泽美观等优点。

295. （　）用泉氧化或其他消毒方法，可消除自来水的氯气。

296. （　）茶艺师与宾客对话时，应坐着并始终控制感情。

297. （　）茶艺师应有优雅端庄的站姿，给人以热情可靠、落落大方之感。

298. （　）摩洛哥人酷爱饮茶，中国高档绿茶（珍眉、珠茶）是他们喜爱的茶饮。

299. （　）为维吾尔族宾客服务时，端茶时不要用单手。

300. （　）茶艺师在为信奉佛教的宾客服务时，可行合十礼，以示敬意。

301. （　）茶艺师为 VIP 宾客服务，要不定期了解 VIP 宾客预定情况。

302. （　）乌龙茶中武夷水仙叶底不显绿叶红镶边。

303. （　）黑茶按加工法和形状不同分为散装和压制两类。

304. （　）宁红太子茶艺第七道"江山"二字的含义是指茶杯、茶壶。

305. （　）茉莉花茶闻香的方法称为口品。

306. （　）品饮花茶是属于食物型的调饮法。

307. （　）西湖龙井的品质特点是外形扁平光滑，形如"碗钉"；汤色碧绿、滋味甘醇鲜爽。

308. （　）相传苏东坡非常喜欢杭州玉女泉的泉水，每天派人打水，又怕人偷懒将水掉包，特意用竹子制作了标记，交给寺里僧人作为取水的凭证，后人称之为"调水符"。

309. （　）"山后涓涓涌圣泉，盈虚消长景堪传。"此诗是对神泉泉水景观的赞美。

310. （　）真诚守信是一种社会公德，它的基本作用是提高技术水平和竞争力。

311. （　）唐代饮茶盛行的主要原因是社会鼎盛。

312. （　）宋代哥窑的产地在浙江龙泉。

313. （　）哥窑瓷胎薄质，釉层饱满，釉面显现纹片，纹片形状多样。

314. （　）雨水属于软水。

315. （　）陆羽认为二沸的水适宜泡茶。

316. （　）由于茶多酚与氨基酸等影响茶汤滋味物质的含量与组成的变化，茶叶表现出各种不同的滋味特征。

317. （　）一般在冲泡乌龙茶时，第一泡浸泡 1 min 左右将茶汤与茶分离，第二泡的时间为 75 s，以此递增。

318. （　）神经衰弱者应不饮浓茶，不在临睡前饮茶。

319. （　）在《劳动法》中对劳动者纪律和道德观念方面的素质要求是遵守劳动纪律和职业道德。

320. （　）经营单位取得"卫生许可证"后，向商标事务所申请登记，办理营业执照。

321. （　）茶艺师服务时，为显示出坦率、开放、诚实，可坐时跷起二郎腿。

322. （　）日本人和韩国人讲究饮茶，注重饮茶礼法，茶艺师为其服务时应注重礼节和泡茶规范。

323. （　）接待印度宾客时，茶艺师应注意不要用左手递物。

324. （　）巴基斯坦人饮茶普遍爱好柠檬红茶。

325. （　）藏族喝茶有一定礼节，边喝边添，三杯后，把添满的茶汤摆着，这表明宾客不满意。

326. （　）清饮法是以沸水直接冲泡茶叶，欣赏"茶舞"。

327. （　）调饮法是通过调节茶汤的浓度，以适应不同口味的需求。

328. （　）东方美人茶冲泡置茶宜采用上投法。

329. （　）茶叶的保存应注意氧气的控制，茶中多酚类化合物的氧化、维生素 C 的氧化等都和氧气有关。

330. （　）江西景德镇瓷器素有"薄如纸，白如玉，明如镜，声如磬"的美誉。

331. （　）釉里红的特色是在瓷器上施金加彩，宛如千丝万缕的金丝彩线交织，显示金碧辉煌、雍容华贵的气度。

332. （　）锡作为储茶器，具有密封、防潮、防氧化、防光、防异味优点。

333. （　）判断好茶的客观标准主要从茶叶外形的匀整、色泽、香气、净度来看。

334. （　）为了将茶叶冲泡好，在选择茶具时主要参考因素是：看场合、看人数、看茶叶。

335. （　）科学饮茶的 3 个基本要求是正确选择茶叶、正确冲泡方法和正确的价格。

336. （　）冠突曲霉是砖茶中的有益的真菌。

337. （　）劳动者的权益包含：享有平等就业和选择就业的权利、取得劳动报酬的权利、休息休假的权利、接受职业技能培训、享受社会保险和福利的权利。

338. （　）茶艺师与宾客对话时，应站立并始终保持微笑。

339. （　）茶艺师在与宾客交谈过程中，在双方意见各不相同的情况下，可以直接提出否定的意见。

340. （　）巴基斯坦西北地区流行饮绿茶，多数会在茶汤中加糖。

341. （　）接待蒙古族宾客，敬茶时应用右手，以示尊重。

342. （　）茶艺师在与信奉佛教宾客交谈时，不能问僧尼法号。

343. （　）在为 VIP 宾客提供服务时，应选用高档名贵茶具。

344. (　)茉莉花茶茶艺使用的冲水壶是玻璃壶。

345. (　)茶艺职业道德的基本准则是指热爱茶艺工作,精通业务,追求利益最大化。

346. (　)提高自己的学历水平不属于培养职业道德修养的主要途径。

347. (　)茶具这一概念最早出现于西汉时期陆羽《茶经》中"武阳买茶,烹茶尽具"。

348. (　)玻璃茶具的特点是质地透明、光泽夺目,但易破碎、易烫手。

349. (　)泡饮普洱茶一般用95 ℃以上的水温冲泡。

350. (　)峨眉山玉液泉是中国"五大名泉"之一。

351. (　)要泡好一杯茶,需要掌握的茶艺6要素有:选茶、择水、备器、雅室、冲泡、品尝。

352. (　)根据俄罗斯人对茶饮爱好的特点,茶艺师在服务中可推荐一些甜味茶点。

353. (　)茶艺师在接待佛教宾客时,应主动与僧尼握手。

354. (　)接待身体残疾的宾客时,应尽可能安排在光线好的位置。

355. (　)黑茶按加工法和形状不同,分为条型和片型两类。

356. (　)原料不同不属于陶器与瓷器的区别。

357. (　)反映月下美景的古典名曲是《空山鸟语》。

358. (　)龙井茶冲泡中"凉汤"的作用是预防烫熟茶芽。

359. (　)泡茶时,先放茶叶,后注入沸水,称为上投法。

360. (　)品饮凤凰单枞乌龙茶时,茶水比例以1∶50为宜。

361. (　)女性爱用小巧精致的金银玉器茶具冲茶。

参考文献

[1] 中国就业培训技术指导中心.茶艺师[M].北京:中国劳动社会保障出版社,2008.

[2] 陆羽.茶经[M].呼和浩特:内蒙古文化出版社,2011.

[3] 郑春英.茶艺概论[M].北京:高等教育出版社,2006.

[4] 张京.茶艺实训教程[M].成都:四川师范大学电子出版社,2011.

[5] 张秋垫.酒店服务礼仪[M].杭州:浙江大学出版社,2009.

[6] 周新华.茶文化空间概念的拓展及茶席功能的提升[J].农业考古,2011(2):86-89.

[7] 杨晓华.茶文化空间中的茶席设计研究[D].浙江农林大学,2011.

[8] 尹绘新.茶席·民族风[J].普洱,2009(1):56-58.

[9] 池宗宪,庄生晓梦.茶席·赏器[J].普洱,2011(3):82-87.

[10] 茶席设计展示[J].茶世界,2013(6):16.

[11] 茶席也创意——我的茶席,随心所欲[J].茶世界,2011(7):59-61.

[12] 卓敏,吴晓蓉.茶艺表演作品创编的理论与实践剖析——以2010年广东省冠军茶艺《玉茶言德》为例[J].农业考古,2012(5):113-117.

[13] 本刊记者.首届中外茶席设计大赛作品在杭展示[J].茶博览,2009(5):52-53.

[14] 乔木森.用茶席设计和谐的生活[J].农业考古,2006(2):105-108.

[15] 范增平.自然环境中的茶席设计[J].茶·健康天地,2011(5):38.